智元微库
OPEN MIND

成长也是一种美好

认知觉醒

开启自我改变的原动力

周岭 著

百万册精装纪念版

人民邮电出版社
北京

图书在版编目（CIP）数据

认知觉醒 : 开启自我改变的原动力 : 百万册精装纪念版 / 周岭著. -- 北京 : 人民邮电出版社, 2024.5
ISBN 978-7-115-54537-4

Ⅰ. ①认… Ⅱ. ①周… Ⅲ. ①成功心理—通俗读物 Ⅳ. ①B848.4-49

中国国家版本馆CIP数据核字(2024)第052135号

◆ 著 周 岭
责任编辑 陈素然
责任印制 周昇亮
◆ 人民邮电出版社出版发行 北京市丰台区成寿寺路 11 号
邮编 100164 电子邮件 315@ptpress.com.cn
网址 https://www.ptpress.com.cn
天津裕同印刷有限公司印刷
◆ 开本：880×1230 1/32
印张：9.5 2024 年 5 月第 1 版
字数：222 千字 2025 年 7 月天津第 7 次印刷

定 价：79.80 元（附小册子）

读者服务热线：（010）67630125 印装质量热线：（010）81055316

反盗版热线：（010）81055315

送给我的女儿

周子琪

自序

开启自我改变的原动力

我们是幸运的一代人，赶上了人类社会迄今为止最大的跨越发展期，科技进步，物资丰富，万物互联。我们的寿命变得更长，智商变得更高，财富变得更多，而且这些都可以通过基因或基金传递给下一代。但无论科技多么发达，有一样东西却始终无法直接传递，那就是心智。

所谓心智，通俗地说，就是我们看待人和事的态度，以及由此做出的判断与选择。每一个人来到这个世界时，其人生观、世界观、价值观全部都是从零开始的，所有习性、习惯、模式也要从人性的初始状态开始发展，你、我、我们的父辈和孩子都是如此，没有人能够直接跨越这一阶段。而人性的初始状态是混沌的，我们天然追求简单、轻松、舒适、确定性，这是由我们大脑的生理结构决定的，不以人的意志为转移。百万年来，这种特性支配着每一个人，是我们喜怒哀乐的生理起点，然而，绝大多数人对此知之甚少。

我们对自己的无知使自己看起来就像一个“醒着的睡着的人”。我知道一个人不可能同时“醒着”和“睡着”，这二者显然是矛盾的，但在指出这个逻辑错误之前，你不妨先随我一起看看我们的人生轨迹，或许你会同意我这个说法。

如果不出意外，大多数人都会沿着“求学—工作—婚恋”的路线成长，随着生活的惯性一直往前走。年轻的时候，几乎没有人会觉得自己的将来能有多差，认定美好的生活会自然到来。不谙世事的我们认为：即使暂时说不清具体该怎么做，但有份十足的信心就够了，毕竟年轻无敌嘛！

然而现实并不总像我们想象的那样。在这份十足的信心陪伴多年之后，大多数人发现自己并没有变得特别，而是在不断地服从社会规则和应对生活烦恼，开始随波逐流：该玩手机玩手机、该打游戏打游戏；没有多少压力，也没有多少动力；觉得反正日子还过得去，希望也还在心里，偶尔挣扎呐喊一声，而后继续做着短视的选择，沉溺于眼前的安逸。他们对这个世界的运行规则浑然不知：不知道事物的构成、框架，不知道努力的路径、方法，也不知道自己真正想要什么、能做什么、最后会成为什么样的人……

这些人迷迷糊糊地到了某个年纪，突然发现自己对这个世界已经无能为力了：梦想与现实落差巨大，生活和工作压力缠身，而优秀的同龄人已绝尘而去。一时间，他们焦虑急躁又如梦初醒：“为什么没有早点知道这个世界的真相？为什么没有在最好的年纪及时觉醒？”但即使含泪拷问，也似乎错过了最佳时机，毕竟人生是个单行道，无法从头再来。最后他们不得不敲碎那颗高傲的心，在无奈和叹息中默默接受平庸的人生。

一小部分人幸运些，在合适的年纪“睁开了眼睛”。他们跳出了成长的陷阱，开始刻意提升自己，为未来美好的生活做准备。他们慢慢甩开了大队伍，走在了同龄人的前列，然而很快遇到了瓶颈：想勤奋，却总是敌不过惰性；想努力，却总是陷入低效的状态；想精进，面前却总是弯路不断；读了很多书，都忘了；付出很多努力，都白费了。他们仿佛越使劲越困惑，越努力越迷茫。

这就是“醒着的睡着的人”的画像，事实上也是我曾经的画像。在很长一段时间内，我就像一个没有睡醒的人，对自己不了解，对生活没主张，对命运无选择。那时的我，虽然对本职工作非常投入，但业余时间几乎被不需要动脑筋的事情占据：有空就找朋友们聚会，时常喝到烂醉；经常熬夜，从不主动看书、运动；打发时间的方式就是看搞笑视频、读八卦新闻、玩手机游戏；实在没事可做，就裹起被子睡大觉……下意识中，我觉得这种无忧的生活会继续下去。

直到有一天，因为意外，身边两位与我关系极好的朋友的命运轨迹发生了巨变。我忍不住问自己，如果这些意外发生在自己身上，如果现有的一切被“剥夺”，我还有什么、会什么，又曾在这个世界上留下了什么？这些问题让我倒吸了一口凉气，因为我突然发现自己几乎什么都不会！从那时起，一种从未有过的焦虑油然而生，我强烈地意识到不能再这样下去了，我要让脑子变清晰，不再稀里糊涂；我要掌握更多技能，不再遇事无计可施；我要主动创造成就，不再被动承受现状……

2017年，我36岁，在一个被很多人认为已经老大不小的年纪，我毅然开始探索。我发现每天有事情做不代表觉醒，每天都努力也不代表觉醒，真正的觉醒是一种发自内心的渴望，知道自己想要什么，然后立足长远，保持耐心，运用认知的力量与时间做朋友；我发现人与人之间的根本差异是认知能力上的差异，因为认知影响选择，而选择改变命运，所以成长的本质就是让大脑的认知变得更加清晰；我开始广泛涉猎知识，从脑科学、认知科学、心理学、行为科学、社会学及其他学科中，看到了自己成长的可能性，明白了自己想要什么，清楚了部分规律和真相，知道了实现梦想的方法和路径……

从混沌到警醒，从迷茫到清晰，我慢慢解开了“愿望觉醒”和“方法觉醒”的秘密，知道了如何激发和保持自我提升的内在动力，如何变苦涩的毅力支撑为科学的认知驱动。当我把这些思考和方法论分享到网上后，引起了众多读者的共鸣：他们惊讶于我在短时间内完成的蜕变，并主动给我发来反馈，说我的文章深入浅出，令他们醍醐灌顶，从而产生力量、看到希望；同时，他们也不断抛来成长的困惑，希望我能帮助解答。从这些提问中，我看到无数渴望成长的人，于是决定在自我成长的同时帮助他人。

2018 年 5 月的最后一天，我在个人公众号“清脑”上开通了问答专栏，从此多了一个成长咨询师的身份。虽然是业余的，但我也因此有了大量接触“困惑样本”的机会（本书的很多案例正来自这些真实的提问）。在解决了林林总总的成长困惑之后，我发现自己探索出的方法论竟然可以解决绝大多数人的困惑与烦恼。无论在大脑构造、潜意识、元认知、刻意练习等基本概念的解读上，还是在自控力、专注力、行动力、学习力、情绪力等具体能力的使用策略（包括早起、冥想、阅读、写作、运动、反思等必备习惯的养成）上，都有相对独到的原理呈现和具体可行的方法提供。这些积累勾勒出了本书的基本样貌。

但当你真正看清这本书的样貌时，你会发现实践和改变才是这本书的核心，所以，更多的时候你需要把它当成一本工具书，时常回顾、思考和实践，直到自己发生真正的变化，而不是一读了之、过过“脑瘾”。当然，你可能对书中的某个主题感兴趣，拿到书后便直接跳到相关章节，这样做未尝不可，但若是时间充裕，我建议你最好还是从头开始阅读，因为一些基础概念会像插塑积木一样慢慢呈现具体形态，前文的一些背景信息可能会对理解后文产生影响。

我相信这本书适合所有希望成长的人阅读，无论你从事什么职业、处于什么年龄、扮演什么角色，它都能对你有所启发。特别是对于那些缺乏耐心、急于求成、极度焦虑的人，暂时缺少人生目标、过得浑浑噩噩的人，想变好但只知道靠毅力苦苦支撑的人，想掌握学习方法、提高学习成绩的人，想了解底层成长规律、主动创造成就的人……如果你位列其中，这本书肯定能让你豁然开朗，并内化出真正的认知驱动力。另外，我也特别希望年轻人，尤其是那些还未踏入社会的同学能看到这本书，因为你们正处在起步阶段，若能借此书觉醒，便可避免走很多人生弯路，让自己比同龄人领先一步甚至多步，这相当于直接减少了生命消耗啊！

如果你觉得自己已经错过所谓的最好年纪，其实也没有关系，因为“现在”永远都是开始的最好时机——这不是什么安慰人的话，这是事实。“摩西奶奶”76 岁开始学画、80 岁举办个人展，王德顺 79 岁走上 T 台，褚时健 74 岁开始创业种橙子……就算你今年 60 岁，他们仍可以对你说：“孩子，别着急，你至少还有 20 年可以随时重来……”

这当然是一种调侃，但道理显而易见，因为你若放弃了成长，五年、十年之后你肯定还是老样子，但只要去改变，就有可能收获全新的自己。人生没有什么定数，不折腾，时间同样会过去，所以，去做总比不做好，开始总比放弃强。只要你心中还有希望，什么时候都是开始的最好时机。

如果你读到了这里，那么下一个翻书的动作就权当是我们的握手礼吧：“很高兴认识你，我是周岭，让我们共同踏上觉醒之旅吧！”

目录

上篇 内观自己，摆脱焦虑

上篇

内观自己，摆脱焦虑

第一章

大脑

——一切问题的起源

第一节
大脑：重新认识你自己

我猜很多人并不真正了解自己，甚至从未了解过，所以才会对自身的各种问题困惑不已。这里我说的“自己”，特指自己的大脑部分，因为没有大脑，我们什么都不是；有大脑，但不了解它，我们就只能凭模糊的感觉生活，而那样的生活通常不是我们想要的。

从大脑开始，重新认识自己，我们会再“进化”一次。

三重大脑

人类能成为这个星球上最高等的生物，完全仰仗那智慧的大脑。在人们眼中，它精密无比，堪称完美，科学技术发展至今也无法完全解开它的秘密。然而事实证明它并不完美，甚至问题重重，而且这些问题也是我们感到无能和痛苦的根源。要想了解这一点，我们需要先了解大脑的进化历程。

起初，地球上并没有生命。但在数十亿年前，远古的海洋中出现了一些“复制子”，在进化的力量下，它们逐渐成为单细胞生物，接着又演化为动物、植物和微生物等，之后动物这条分支进化成各种原始鱼类，遍布大海。

约 3.6 亿年前，它们开始向陆地进军，地球进入属于爬行动物的时代。为了适应陆地生活，爬行动物演化出了最初的**“本能脑”**。本能脑的结构很简单，只有一个原始的反射模块，可以让爬行动物对环境快速做出本能反应，比如遇到危险就战斗或逃跑，遇到猎物就捕食，遇到心仪的异性就追求等。爬行动物既没有情感也没有理智，体温随外界变化的特性也让它们无法在寒冷的环境中活动，但依靠这种简单的本能反应，它们不仅生存了下来，一些动物还活到了我们这个时代，比如鳄鱼、蜥蜴、蛇等。所以很多学者把本能脑也称为原始脑、基础脑、鳄鱼脑、蜥蜴脑，或者干脆叫爬行脑。

到了大约 2 亿年前，哺乳动物开始登场。它们为了更好地适应环境，不仅让体温保持恒定，还进化出了情绪。有了情绪的加持，哺乳动物就能在恶劣的环境中趋利避害，大大提升了其生存优势，比如恐惧情绪可以让自己远离危险，兴奋情绪可以让自己专注捕猎，愉悦情绪可以增强同伴间的亲密度，伤心情绪能引来同情者的关爱等。这也是为什么我们喜欢把猫或狗当成宠物，因为这些动物很容易和我们产生情感上的交流，懂得取悦和照顾我们。相应的，哺乳动物的大脑里也发展出一个独特的情感区域（边缘系统），脑科学家称之为**“情绪脑”**。在哺乳动物中，由于猴子经常被人类当作观察和实验的对象，因此情绪脑通常也被称作猴子脑。

直到距今约 250 万年前，人类才从哺乳动物中脱颖而出，在大脑的前额区域进化出了“新皮层”。这个新皮层直到 7 万 ~20 万年前才真正成形，成为一个无与伦比的脑区，它让我们产生语言、创造艺术、发展科技、建立文明，从此在这个星球上占据了绝对的生存优势。人类沉迷于自己独有的理智，所以把这个新的脑区称为**“理智脑”**，当然，也有人喜欢称它为理性脑或思考脑（见图 1-1）。

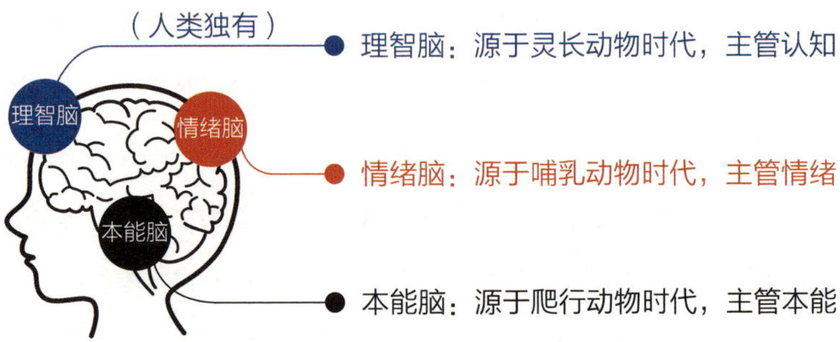

图 1-1　人类的三重大脑

大家都知道《伊索寓言》中“农夫与蛇”的故事，故事讲述一位农夫在寒冷的冬天发现路边有一条冻僵的蛇，他心生怜悯，把它放到自己怀里，用身上的热气温暖它。蛇苏醒后非但没有感恩农夫，反而咬了他一口。农夫临死前后悔地说：“我怜悯恶人，我该死，应该受报应。”事实上，如果这位农夫懂得一些大脑知识，就不会犯如此低级的错误了。蛇这种冷血的爬行动物根本就没有发达的情绪脑，它不知感恩为何物，只会依靠本能行事，遇到危险要么战斗、要么逃跑；而愚昧的农夫竟然以为蛇和人类一样有善恶之心，会知恩图报，结果使自己命丧黄泉。

可见我们人类与这个世界上的其他动物已经迥然不同，在我们的大脑里，由内到外至少有三重大脑①：年代久远的本能脑、相对古老的情绪脑和非常年轻的理智脑。

但大多数人并不知道这些，只是凭感觉认为这个世界上所有的动物都只有一个大脑，而人类仅仅比它们聪明一点。这种错误的认知使我们像那个救蛇的农夫一样，经常做一些愚蠢的事情。

高低之分与权力之争

很显然，我们的大脑并不是预先设计好的，而是由不同年代的模块“堆砌”而成的，就像一台七拼八凑组装出来的电脑，主板是老的，显卡是旧的，中央处理器却是新的，所以它们在一起工作时必然会出现很多兼容问题。

令人欣慰的是，高级的理智脑是我们人类所独有的，它使我们富有远见、善于权衡，能立足未来获得延时满足，从这个角度看，本能脑和情绪脑确实要低级一些。不过我们若是因此而沾沾自喜，未免又高兴得太早了些，因为**理智脑虽然高级，但比起本能脑和情绪脑，它的力量实在是太弱小了。**细数起来，理智脑弱小的原因至少有以下四个方面。

① 20世纪50年代，美国神经生理学家保罗·麦克莱恩博士在其著作《进化中的三层大脑》（The Triune Brain in Evolution）中提出了著名的“三重脑理论”。最新的脑神经科学研究表明，真实的大脑并非像“三重脑理论”描述的那样泾渭分明。但该理论模型对于观察、了解自我仍然很有参考价值。

第一，从出现的年代看，本能脑已经有近 3.6 亿年的历史，情绪脑有近 2 亿年的历史，而理智脑出现的时间只有 250 万年不到。如果把本能脑比作 100 岁的老人，那情绪脑就相当于一个 55 岁的中年人，而理智脑则好比一个不满 1 岁的宝宝。可想而知，这个宝宝就算再聪明，但在两个成年人面前，也会显得势单力薄（见图 1-2）。

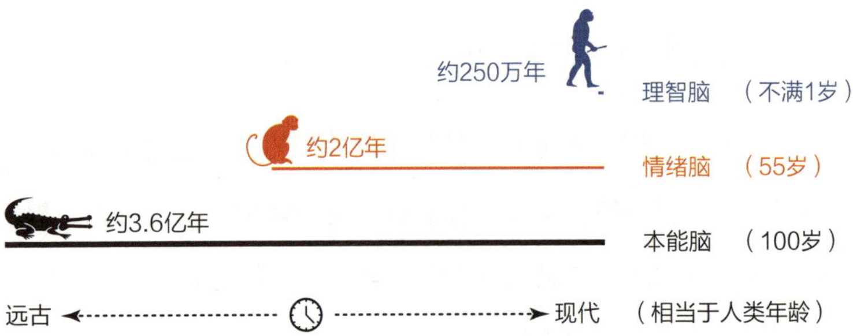

图 1-2　三重大脑的年龄类比

第二，三重大脑发育成熟的时间不同。本能脑早在婴儿时期就比较完善了，情绪脑则要等到青春期早期才趋于完善，而理智脑最晚，要等到成年早期才基本发育成熟。如果不需要准确的数字，我们大致可以认为它们分别在 2 岁、12 岁、22 岁左右发育成熟，算起来各阶段时间相差约 10 年，所以在人生的前 20 年里，我们总是显得心智幼稚不成熟。

第三，我们的大脑里大约有 860 亿个活跃的神经元细胞，而本能脑和情绪脑拥有近八成，所以它们对大脑的掌控力更强。同时，它们距离心脏更近，一旦出现紧急情况，可以优先得到供血，这也是为什么当我们极度紧张时往往会感觉大脑一片空白，这是因为处于最外层的理智脑缺血了。

第四，本能脑和情绪脑虽然看起来很低级，但它们掌管着潜意识和生理系统，时刻掌控我们的视觉、听觉、触觉……调控着呼吸、心跳、血压……因此其运行速度极快，至少可达 11 000 000 次 / 秒，堪比当今世界上运行速度最快的个人计算机；而理智脑的最快运行速度仅为 40 次 / 秒，相比起来简直弱极了，并且理智脑运行时非常耗能。如果你是第一次听说这些，肯定会感到惊讶。

种种迹象表明，理智脑对大脑的控制能力很弱，所以**我们在生活中做的大部分决策往往源于本能和情绪，而非理智**。当然，不管是何种因素影响我们做出决策，初衷都是让我们好，只不过本能脑和情绪脑的决策往往与现代社会脱节，因为它们以为自己还处于原始社会。

这也可以理解，毕竟亿万年来我们的祖先一直在危险、匮乏的自然环境中过着“狩猎与采集”的生活，对他们来说最重要的事情莫过于生存。为了生存，他们必须借助本能和情绪的力量对危险做出快速反应，对食物进行即时享受，对舒适产生强烈欲望，才不至于被吃掉、被饿死。

同样，为了生存，原始人还要尽量节省能量，像思考、锻炼这种耗能高的行为都会被视为对生存的威胁，会被本能脑排斥，而不用动脑的娱乐消遣行为则深受本能脑和情绪脑的欢迎，毕竟在原始社会中，若不节省能量、及时行乐，说不定哪天就被野兽吃掉了。

可见，本能脑和情绪脑的基因一直被生存压力塑造着，所以它们的天性自然成了**目光短浅、即时满足**。又因它们主导着大脑的决策，所以这些天性也就成了人类的默认天性。

然而社会的发展突然开始加速了。约 1 万年前，人类开始进入农业社会；约 300 年前，人类进入工业社会；约 50 年前，人类进入信息社会。这种变化对于古老的本能脑和情绪脑来说，简直就像一瞬间发生的事情，它们根本没有反应过来。它们突然不再需要为基本生存发愁，舒适和娱乐又唾手可得，这让它们无所适从。我们今天虽然西装革履地坐在钢筋混凝土建造的大楼里工作，但本质上依旧是那个为了生存而随时准备战斗、逃跑或及时享乐的“原始人”。

进化之手还未来得及完全改造我们，这些在远古社会具有生存优势的天性，在现代社会反而成了阻碍，甚至可以说，我们当前遇到的几乎所有的成长问题都可以归结到目光短浅、即时满足的天性上，不过在现代社会，用**避难趋易和急于求成**来代指它们显然更加贴切。

- 避难趋易——只做简单和舒适的事，喜欢在核心区域周边打转，待在舒适区内逃避真正的困难；
- 急于求成——凡事希望立即看到结果，对不能马上看到结果的事往往缺乏耐心，非常容易放弃。

所以，一切都明了了。我们做不成事，并不是因为愿望不够强烈，也不是因为意志力不足，而是因为默认天性太过强大。比如，我们明知道高糖、高热量的食物不宜多吃，但背后仿佛总有人怂恿再吃最后一口；我们明知道沉迷手机不好，但手和眼睛就是无法从上面挪开……每次理智脑与本能脑、情绪脑对抗的时候，败下阵来的总是理智脑，甚至有时候它还没来得及启动，身体就已经被本能和欲望“劫持”了。

为了更好地理解这一点，我们可以把大脑看作一个公司。本能脑和情绪脑是公司里的员工，一个资历很老，一个年富力强，但他们都没什么文化，也没什么事业心，只在乎眼前的舒适与安逸，而理智脑则是这个公司的经理，他富有远见且身居高位，但因为太年轻，所以没有威信，做出的决策经常被两位老员工藐视。这样的大脑构造导致我们总是陷入**“明明知道，但就是做不到；特别想要，但就是得不到”**的怪圈，比如：

- 明知道读书重要，转身却掏出了手机；
- 明知道跑步有益，但跑了两天就没了下文；
- 明知道要事优先，却成天围绕琐事打转……

不仅如此，一旦老员工掌控了公司的局面，他们还会经常迫使经理为他们糟糕的选择做出合理的解释——谁让你那么聪明呢，那你说说为什么我这么做是正确的！而弱小的经理也只好乖乖就范。

- 这会儿也看不了几页书，不如玩会儿游戏放松一下。
- 不吃饱饭，哪有力气减肥呢？
- 今天先玩吧，明天一定加倍学习，把今天浪费的时间补上……

这样，整个公司看起来才和谐，大家在一起才不会尴尬。事实上理智脑很少有主见，**大多数时候我们以为自己在思考，其实都是在对自身的行为和欲望进行合理化，**这正是人类被称作“自我解释的动物”的原因。

成长就是克服天性的过程

人，生来混沌。根本原因在于出生时我们的理智脑太过薄弱，无力摆脱本能脑和情绪脑的压制与掌控，而觉醒和成长就是让理智脑尽快变强，以克服天性。谁在这方面主动，谁就能在现代社会占据更大的生存优势，因为理智脑发达的人更能：

- 立足长远，主动走出舒适区；
- 为潜在的风险克制自己，为可能的收益延时满足；
- 保持耐心，坚持做那些短期内看不到效果的“无用之事”；
- 抵制诱惑，面对舒适和娱乐时，做出与其他人不同的选择……

普通人只能靠天性和感觉野蛮生长，能不能踏上主动觉醒和科学成长的道路全看运气。好消息是，你现在已经知道了这个秘密；更好的消息是，只要遵循科学的方法持续练习，你就能让自己的理智脑加速变强，因为大脑和肌肉一样，遵循用进废退的原则。如果我们习惯感情用事、不假思索，那感性思维就会占据主导；而若是习惯经常思考、时常反思，那理性思维便会占据上风。

习惯之所以难以改变，就是因为它是自我巩固的——越用越强，越强越用。要想从既有的习惯中跳出来，最好的方法不是依靠自制力，而是依靠知识，因为单纯地依靠自制力是非常痛苦的事，但知识可以让我们轻松产生新的认知和选择。至于具体如何改变，我会在后文展开讲。

需要提醒的是，让理智脑变强大并不意味着要抹杀本能脑和情绪脑，事实上也抹杀不了，它们三位一体，缺一不可。换一个角度看，也没有必要抹杀，**因为本能脑强大的运算能力和情绪脑强大的行动能力，都是不可多得的宝贵资源，**只要去深入了解、循循善诱，就能为己所用，甚至这些力量还是成就我们的关键。

同样，让理智脑变强也不是为了对抗或取代本能脑和情绪脑，因为用力量对抗无异于用一方的短板去挑战另一方的强项，注定是没有出路的。很多人在成长的过程中感到极度痛苦，就是因为他们总是用意志力去对抗本能和情绪，最后把自己搞得精疲力竭，却收效甚微。

为了避开这种误区，我们一定要记住：**理智脑不是直接干活**

的，干活是本能脑和情绪脑的事情，因为它们的“力气”大；上天赋予理智脑智慧，是让它驱动本能和情绪，而不是直接取代它们。

就像我们大脑里的那位经理，他的职责既不是开除两位员工，也不是与他们对抗，更不是亲自上阵、包揽一切，而是学习知识，提升认知，运用策略，对两位老员工既尊重、包容又巧妙驱动，通过各种办法让他们开开心心地把活干了，最终使大脑这个“公司”团结和谐，欣欣向荣。

第二节
焦虑：焦虑的根源

焦虑肯定是你的老朋友了，它总像背景音乐一样伴随着你，我们虽对它极为熟悉，却从来不知道它究竟是谁。我也是默默忍受多年之后，终于在某天鼓足气力和它对视了一番，从此，它一点一点地离我远去，虽然偶尔会反扑，但再也无法近身。今天，我把这个认知武器送给你，愿你此生不再受焦虑的煎熬。

焦虑之战

36 岁那年是我的“觉醒元年”，在此之前我过得很混沌。正如前文所言，那时的我虽然对本职工作很投入，但业余时间几乎被不需要动脑筋的事情占据。警醒之后，一种从未有过的焦虑便油然而生，我内心迫切希望发生改变，毕竟**无论个体还是群体，人类的安全感都源于自己在某一方面拥有的独特优势：或能力，或财富，或权力，或影响力。**

但一阵忙碌之后我发现自己根本无从下手，也没有看到任何变化与转机，那种对独特优势求而不得的心情，就像一个孩子面对最喜欢的玩具却无法拥有一样。

好在网络学习时代来临了，我发现各路能人现身网络，也有很多和我一样希望变好的人出现在各个社群里，我看到了一些希望，于是跟着报了很多课，买了很多书，希望能立即改变自己。特别是每次收到书的那一瞬间，我总会产生一种好像已经拥有这些知识的错觉，但事后才发现，读书的“艰难”与买书的“惬意”简直相差十万八千里。

为了缓解焦虑，我开始不自觉地求多、求快，结果又陷入只关注阅读量的低水平勤奋——每本书都读得很快，回头却发现什么都没记住。再抬头看，与一些同龄人的差距早已遥不可及，甚至一些比自己还年轻的人也已成就满满，而自己还得从零开始。这种情况让我变得烦躁和焦虑，情绪一度低落，那段时间我心里总是回响着一句话：来不及了，太晚了，一切都太晚了……

直面焦虑

我像一个落水者，被焦虑彻底包裹，仿佛在慢慢地沉入河底。看着河面的波光逐渐消失，我终于在一次感到绝望时想通了一件事：做总比不做强！王德顺 79 岁走上 T 台，褚时健 74 岁开始种橙子，这都是现实中的例子，而我现在才三十几岁，人生之路还很长，现在开始行动根本谈不上晚。所以，我不应该跟那些所谓的成功人士比现状，如果非要比，也应该跟他们刚起步时的状况比。事实上我更应该跟自己的过去比，哪怕好那么一点点，也是值得的！

大概是触底反弹，焦虑慢慢消失了，这时的我才回过神来：自己面对焦虑从来都是被动承受，主动权从来不在自己手中。我既不知道它什么时候会出现，也不知道出现之后该怎么请它走。为了今后不再承受这种情绪起伏，我必须**正视它**，彻底解决这个困扰。

一天下午，我拿出笔和纸，把心中的烦恼、担忧、顾虑和欲望全部列了出来，大到人生愿景，小到10分钟后要做的事；慢慢地，我勾勒出焦虑的几种形式。

第一，完成焦虑。总是把自己的日程安排得太满，每天都活在截止期限（Deadline）面前，比如同时想学很多东西，但时间根本不够用；每天要例行完成的事情太多，耽误一天就觉得喘不过气来；随意承诺他人，日程安排总被不重要的事情打乱……总之，只要内在欲望涉及面太广或外在日程安排过紧，我就很难做到深入和从容。

第二，定位焦虑。如果在零基础阶段就直视该领域的能人们现在的所作所为，不焦虑都不可能：某某这么年轻就有如此大的影响力了！他们已经抓住风口、占据先机，我何年何月才能这样？原以为这个绝妙的点子只有自己能想到，没想到人家居然把产品都做出来了……错误的定位只会让人觉得一切都来不及了，事实上，这根本就是错误的对标。

第三，选择焦虑。有时选择太多也会让人陷入焦虑，比如突然有一段自由时间，却因为想做的事情太多，最后把时间都浪费在了摇摆不定上，静不下心做最重要的事，或者说根本不知道最重要的事情是什么。另外，很多能人的观点也让人纠结，比如 A 说阅读要只字不差，B 说按主题阅读，不用读完；看上去两个人的说法都对，但做法却完全相反，到底该用哪个方法呢？人喜欢唯一性和确定性，面对多元和不确定，靠天生的习性怕是很难应对。

第四，环境焦虑。有时我们不得不面对一些外在环境的限制，比如因家庭、工作的影响，有些事想做却做不了，还有些事不想做却必须花大量的时间去做。这种低效或无力有时也会让人抓狂。

第五，难度焦虑。有些书就是很难读，有些文章就是很难写，有些知识就是很难懂，有些技能就是很难学……真正能让你变强的东西，其核心困难是无法回避的，不下决心与之死磕，始终在周围打转，时间越长越焦虑。

焦虑的根源

归结起来，焦虑的原因就两条：**想同时做很多事，又想立即看到效果**。王小波说：人的一切痛苦，本质上都是对自己无能的愤怒。焦虑的本质也契合这一观点：自己的欲望大于能力，又极度缺乏耐心。焦虑就是因为欲望与能力之间差距过大。

再往深了说，焦虑并不完全源于我们的主观意识，而是来自我们大脑的生理结构。我们已经知道人类的天生属性是避难趋易和急于求成，也就是说，在我们内心深处早就埋下了这样的种子：**急于求成，想同时做很多事；避难趋易，想不怎么努力就立即看到效果。**

这才是焦虑真正的根源！焦虑是天性，是人类的默认设置。千百年来，所有的人都一样，只是进入信息社会以后，由于节奏变快、竞争更强，这种天性被放大了。所以，我们没有必要自责或愧疚，也没有必要与天性较劲，而应想办法看清背后的机理并设法改变。当然，最简单的方法是反着来，比如：

- 克制欲望，不要让自己同时做很多事；
- 面对现实，看清自己真实的能力水平；
- 要事优先，想办法只做最重要的事情；
- 接受环境，在局限中做力所能及的事；
- 直面核心，狠狠逼自己一把去突破它。

只是这些说辞就像是正确的废话。道理谁不懂呢？关键是如何真正提升能力和保持耐心。

面对这样的问题，我很想马上给出答案，不过一两句话显然无法说清楚，特别是“提升能力”涉及方方面面，我只好将答案分布于书中的各处，倒是“保持耐心”这个话题可以先行突破。

耐心可以说是人类最珍贵的品质之一了，它直指我们急于求成、避难趋易的天性，可谓得耐心者得天下，所以我们不妨从“耐心”这个关键词开始谈起。

第三节

耐心：得耐心者得天下

20 世纪八九十年代，金庸的武侠小说风靡全国。如今，虽然几十年过去了，金庸先生也已与世长辞，但他留下的作品依然广受欢迎，被奉为经典。如此成就，自然离不开他新奇的想象和优秀的文笔。但在我看来，还有一个更深层、更隐秘的原因，那就是他的故事击中了人类天性中最原始、最本能的部分——**即时满足**。

你看，金庸的故事里有很多这样的桥段：一个普通少年，经历一番奇遇，轻松练成神功，取得成就……常人需要几十年才能练成的神功，他们往往在很短的时间内就能学会，甚至一夜速成。并且故事还突出了主人公们善良的品性，似乎好运只会光顾那些心性单纯的人，让人们误以为心性单纯优于努力，要想获得成功，只要保持心性单纯就好了——人们当然愿意相信这样的结论，毕竟保持心性单纯比保持努力容易多了。

正是这种不用付出巨大努力就能获得超强能力的快感让人心驰神往，因为现实生活中无论读书、考试，还是工作、赚钱，要想表现出色都必须经受长时间的磨炼。可惜故事是故事，现实是现实，我们可以暂时沉浸在故事中，但终究要回到现实面对规则：要想有所成就，必须保持耐心，延迟满足。

那些年，我们一起误解过的耐心

很多人虽然嘴上说要保持耐心，但身体却诚实地游走在即时满足的边缘。他们总是从最简单、最舒适的部分开始一天的工作，然后沉迷于娱乐信息、醉心于周边琐事，就是无力去做重要的事情；他们花大量的时间寻找干货文章，点击收藏，但今后可能再也不会点开；他们的新年计划非常完美，在出炉的那一瞬间，就像自己已经完成了一样，但没过几天，那计划就不知所终了；他们有时也“勤奋”得出奇，疯狂提升自己的阅读量、践行“一万小时定律”，每天坚持做同一件事，但始终与成功无缘；他们刚有了一点点改变，甚至在还只有一个想法的时候，就会急着向全世界宣告自己将要开始新生活了，但只要遇到一点挫折，很快就会消沉放弃；他们看到自己与同龄人有很大差距时，就会变得非常焦虑，然后去报很多课、读很多书、做很多事，并期望立即看到变化。总之，他们希望只读几本书就能博学多识，坚持 21 天就能养成一个习惯，少吃几口饭就能变瘦，读完一篇干货文章就能立即改变……

一口气罗列了这么多劣习，并不是为了给自己做铺垫以站在道德制高点上向大家说教，事实上，这些都是我踩过的坑，我也曾是

“他们”中的一员，所以对此感同身受。我深知这些品性会毁人一生，至少会让人庸碌无为，因为缺少耐心这个品质，再多的努力也会白费。

但是从小到大，从来没有人告诉过我们耐心到底是什么、怎样才能有耐心。我们只是一次又一次地被教导：“要保持耐心！不要猴急！不要三心二意！”以至于人们对耐心这个概念的理解普遍倾向于忍受无趣、承受痛苦、咬牙坚持、硬扛到底。总之就是用意志力去对抗——如果做不到，只能说明自己意志力不强。

然而真相根本不是这样的。我们对耐心的理解过于肤浅，以致大部分时间都在痛苦中挣扎。既然耐心是如此重要的品质，我们没有理由不补上这一课。

缺乏耐心，是人类的天性

关于这一点，我们已经在本章第一节达成共识：缺乏耐心根本不是什么可耻的事，和自己的道德品质也全无关系，这仅仅是天生属性罢了，每个人都一样。如果你觉得这些共识仍有些虚无，那不妨再观察一下身边的婴儿、孩子和成人。

婴儿刚出生时，理智脑的作用极其微弱，全靠本能生活。出生6个月之内的宝宝会认为自己是全能的，整个世界会随着自己的意念而动，这可谓最强烈的即时满足；几岁的孩子可以瞬间切换笑脸和哭脸，得到满足就立即欢笑，不满足就马上暴怒，他们毫不掩饰自己即时满足和耐心不足的特性；等到上学之后，随着理智脑的发育和学识的增长，他们的耐心开始变得越来越强，小学、中学、大学时呈现明显的不同；成年后，其生理机能趋于稳定，但此时若停止自我探索，保持耐心的能力可能会永远停留在当时的水平，甚至倒退。如再仔细观察，我们不难发现，**社会中的精英通常是那些能更好地克服天性的人，他们的耐心水平更高，延迟满足的能力更强。**

无论从历史、现实考量，还是从生理角度看，一切关于耐心的线索都指向了理智脑这块人类独有的前额皮质上——了解这一点，对于解放自我意义重大。当然，仅仅认识自己是不够的，我们还需要将目光投向外部，看看有什么规律可以帮助我们提升耐心，毕竟内观自身和外观世界向来是一体的。

认知规律，耐心的倍增器

很多时候，我们对困难的事物缺乏耐心是因为看不到全局、不知道自己身在何处，所以总是拿着天性这把短视之尺到处衡量，以为做成一件事很简单。事实上，如果我们能了解一些事物发展的基本规律，改用理性这把客观之尺，则会极大地提升耐心。如图 1-3 所示，**复利曲线**就是一种理性工具。

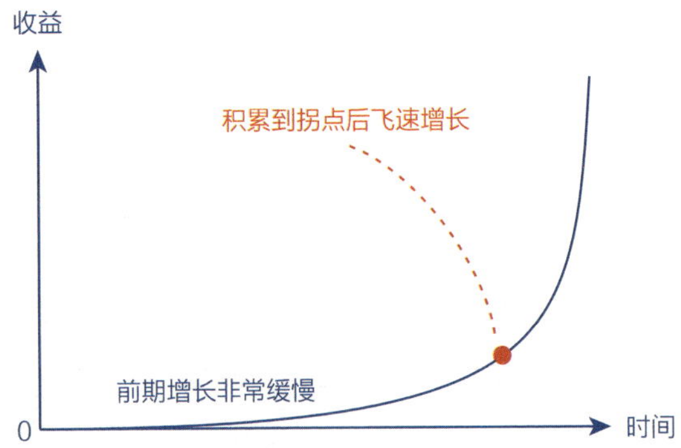

图 1-3　复利曲线

复利效应显示了价值积累的普遍规律：**前期增长非常缓慢，但到达一个拐点后会飞速增长。**这个“世界第八大奇迹”[①]揭示的正是这种力量，不过要想获得这种力量，我们需要冷静面对前期缓慢的增长并坚持到拐点。

对于任何没有特殊资源的个体或群体来说，坚信并践行这个价值积累规律，早晚能有所成就。当然，前提是选择正确的方向，并在积累的过程中遵循刻意练习的原则，在舒适区边缘一点一点地扩展自己的能力范围。

舒适区边缘是另一个重要的规律，它揭示了能力成长的普遍法则：**无论个体还是群体，其能力都以“舒适区—拉伸区[②]—困难区”的形式分布；要想让自己高效成长，必须让自己始终处于舒适区的**

① 爱因斯坦曾说复利威力巨大，堪称世界的第八大奇迹。——编者注

② 拉伸区是指一个人的知识和技能从已知到未知、从熟悉到陌生的过渡区域。

边缘，贸然跨到困难区会让自己受挫，而始终停留在舒适区会让自己停滞（见图 1-4）。

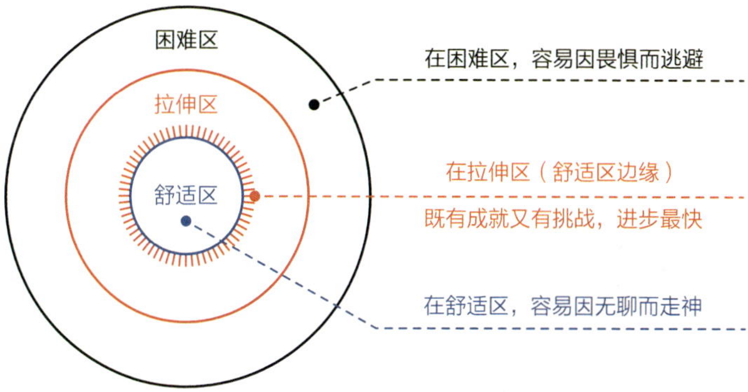

图 1-4　在舒适区边缘扩展自己的行动范围

人类的天性却正好与这个规律相反。**在欲望上急于求成，**总想一口吃成个胖子，导致自己终日在困难区受挫；**在行动上避难趋易，**总是停留在舒适区，导致自己在现实中总是一无所获。如果我们学会在舒适区边缘努力，那么收获的效果和信心就会完全不同。

“舒适区边缘”这个概念非常重要，你若是没有完全理解也没有关系，只需先记住它，我们会在后文反复提及。另外，你可能也发现了：**复利曲线和舒适区边缘是一对好朋友，**它们组合在一起可以让我们在宏观上看到保持耐心的力量，而且这种力量适用于每一个普通人。

有了上述宏观规律作支撑，我们就可以观察微观规律了。对于学习成长而言，**成长权重对比**是每个人都应该首先认识的，它揭示了

“学习、思考、行动和改变”在成长过程中的关系：**对于学习而言，学习之后的思考、思考之后的行动、行动之后的改变更重要，如果不盯住内层的改变量，那么在表层投入再多的学习量也会事倍功半；因此，从权重上看，改变量 > 行动量 > 思考量 > 学习量（见图 1-5）**。

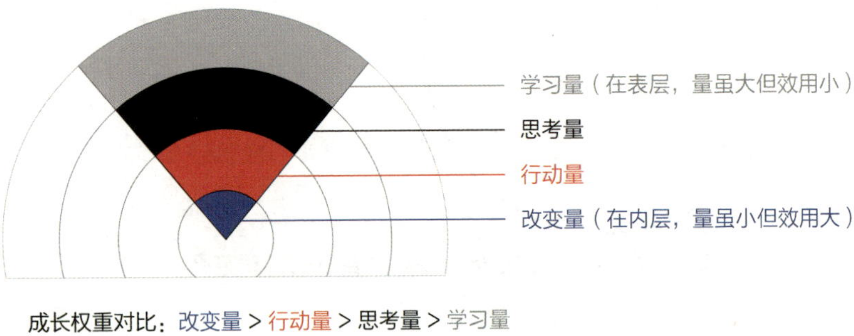

图 1-5　成长权重对比

很多人之所以痛苦焦虑，就是因为只盯着表层的学习量。他们读了很多书、报了很多课，天天打卡、日日坚持，努力到感动自己，但就是没有深入关注过自己的思考、行动和改变，所以总是感到学无所获，甚至会认为是自己不够努力，应该继续加大学习量，结果陷入了“越学越焦虑，越焦虑越学”的恶性循环。

其中原因仍然是我们的天性在作祟。因为单纯保持学习输入是简单的，而思考、行动和改变则相对困难。在缺乏觉知的情况下，我们会本能地**避难趋易，**不自觉地沉浸在表层的学习量中。

同时，表层学习也是最能直接看到效果的，比如今天读了一本书、学习了 5 小时、背了 100 个单词……结果都立即可见，而底层的改变则不那么容易发生，所以**急于求成**的天性也会促使我们选择前者。

“多即是少，少即是多”的辩证关系在图 1-5 中也体现得淋漓尽致：停在表层，我们就会陷入欲望旋涡，什么都想学、什么都想要，忙忙碌碌却收效甚微；若是能深入底层，盯住实际改变，我们就能跳出盲目、焦虑、浮躁的怪圈。

比如，读书时不求记住书中的全部知识，只要有一两个观点促使自己发生了切实的改变就足够了，其收获与意义比读很多书但仅停留在知道的层面要大得多。时常以这样的标准指导自己学习，我们的收获就会越来越多，焦虑就会越来越少，耐心自然也就越来越强了。

另一个值得关注的微观规律是学习的**平台期**。**这个规律表明，学习进展和时间的关系并不是我们想象中的那种线性关系（学多少是多少），而是呈现一种波浪式上升曲线（见图 1-6）。**

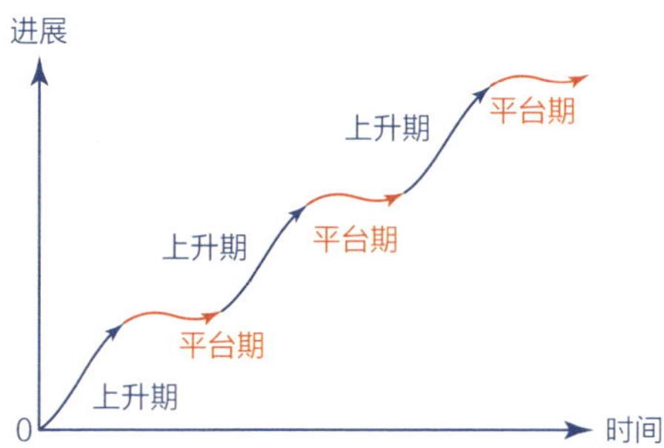

图 1-6　学习曲线

几乎任何学习都是这样，刚开始的时候进步很快，然后会变慢，进入一个平台期。在平台期，我们可能付出了大量的努力，但看起来毫无进步，甚至可能退步。不过这仅仅是一个假象，因为大脑中的神经元细胞依旧在发生连接并被不停地巩固，到了某一节点后，就会进入下一个快速上升阶段。

比如在学习英语的过程中，建立一个新的语言“过滤器”，通常需要 6 个月才能突破平台期。很多人并不知道这个规律，努力坚持了 5 个月，发现自己没有进步就摇头放弃了。这样的做法真的很可惜，因为好不容易建立起的神经元连接会在放弃练习后弱化、消失，下次学习就得重新开始。而那些时常坚持用英语“熏耳朵”的人，往往会在某一天突然发现，原来听不懂的英语好像都能听懂了，这就是平台期突破的典型表现。我猜每个人在生活中都有过这样的体验。

当我们清楚了上述规律之后，就能在面对长期的冷寂或挫折失败时做出与他人不同的选择：有人选择放弃，而我们继续坚持。同时，我们不会因自己进步缓慢而沮丧，也不会因别人成长迅速而焦虑。就像写公众号，有耐心的人会牢牢盯住长远价值，他们的目光在 5 年、10 年以后，所以不会因眼下文章的阅读量低而缺失动力，也不会因别人写出了 10W+ 的文章（一篇文章的阅读量达到 10 万以上）而焦虑不安，毕竟各自所处的阶段不同，只要持续创造价值，别人的今天就是自己的明天。

从这个角度看，**耐心不是毅力带来的结果，而是具有长远目光**

的结果。这也从侧面回答了为什么我们需要终身学习。因为当我们知道的规律越多，就越能定位自己所处的阶段和位置、预估未来的结果，进而增强自己持续行动的耐心。毫无疑问，对外部世界的规律的认知能使我们耐心倍增。

怎样拥有耐心

很多人在前行的路上什么都准备好了，唯独缺乏耐心。好在拥有耐心也并非难事。其实，知道大脑构造和事物规律这些知识，我们的耐心水平就已经在无形中提升了很多。但这远远不够，我们还需要寻找更多的路径去增强它，比如以下这些。

首先，面对天性，放下心理包袱，坦然接纳自己。

当我们明白缺乏耐心是自己的天性时，就坦然接纳吧！从现在开始，对自己表现出的任何急躁、焦虑、不耐烦，都不要感到自责和愧疚，一旦觉察自己开始失去耐心了，就温和地对自己说：“你看，我身体里那个原始人又出来了，让他离开丛林到城市生活，确实挺不容易的，要理解他。”只要你温和地与自己对话，“体内的原始人”就会愿意倾听你的意愿。当然，培养耐心的过程可能比较长，不要指望一下子就能很有耐心，如果对自己不能立即变好这件事感到焦虑，这本身就是缺乏耐心的表现。所以，培养耐心要从接受自己缺乏耐心这一事实开始。

其次，面对诱惑，学会延迟满足，变对抗为沟通。

舒适和诱惑是本能脑与情绪脑的最爱，完全放弃舒适和诱惑就相当于和本能脑、情绪脑直接对抗，很显然，理智脑不是它们的对手，失败是迟早的事。明智的做法是和它们沟通，这也是理智脑最擅长的。就像上面自己和自己对话一样，温和地告诉它们："该有的享受一点都不会少，只是不是现在享受，而是在完成重要的事情之后。"这是一个有效的策略，因为放弃享受，它们是不会同意的，但延迟享受，它们是能接受的。

以手机为例。一开始，我连睡觉时都要把手机放在枕边，以方便醒后第一时间拿到。后来，我把它放到书桌上，早上起来后我虽然还是会忍不住走向书桌，**但这段距离会给我与身体里原始人对话的机会**。我对自己说："那些信息已经在手机里待了一个晚上了，也不差这一会儿，等会儿再看吧，反正它们也跑不了。"几次尝试之后，我发现可以做到远离手机，因为确实不会有任何损失，而且还能体会到集中精力读书或跑步的充实感。上午和下午开始工作前，我也采用同样的策略，对自己说："暂时忍耐一下，先做重要的事情，之后会有半小时或一小时的时间专门玩手机，想怎么玩都行。"通过自我沟通和引导，本能脑和情绪脑产生了安全感，通常它们都舍得放手让理智脑插个队。

这种"后娱乐"的好处是，将享乐的快感建立在完成重要任务后的成就感之上，很放松、踏实，就像一种奖赏；而"先娱乐"虽然刚开始很快活，但精力会无限发散，拖延重要的工作，随着时间的流逝，人会空虚、焦虑。

多次体验之后，身体里的原始人也会倾向于支持“后娱乐”，毕竟这样更舒适。如果你足够幸运，辛勤劳作之后产生的满足感也可能取代娱乐带来的直接快感——既然有高层次的享受可选，你对低层次的享受自然就不那么依赖了。

当然，习惯养成之路绝不像我讲的这般轻松，比如有时我们起床后伸手就点开了微信，那种不看不舒服的冲动实在是太强烈了。怎么办？策略依旧是和自己对话：“就看一眼推送的标题，知道有什么内容就好了，然后马上退出。”不要强行对抗，也不要自责，让冲动适当缓解一下也很有效。如果还是忍不住点进去了，那就再告诉自己：“看完这篇就立即结束。”

耐心就是这样，不能急于求成，允许自己缓慢改变，甚至经常失败。无论结果如何，和自己对话都会产生效果。

最后，面对困难，主动改变视角，赋予行动意义。

面对困难之事，为什么有的人很容易放弃，而有的人却能够持之以恒呢？除了知晓前面提到的各种规律，还有一个重要的原因是他们更擅长探索原理，会主动改变认知视角，来找到行动的意义和好处。比如当我们清楚了阅读的本质和意义，就可能放下手机，主动拿起书本；当我们明白了深度学习的意义，就可能放弃听书、速读，转而开始精读和输出；当我们明白了运动真正的好处，就可能告别慵懒，主动坚持锻炼。所以，要想办法看清那些想做之事的意义和好处，你看到的维度越多，耐心就会越强。

事实上，这还不是最高级的方法，你肯定想不到**最高级的方法**

是请本能脑和情绪脑出动来解决困难。

是的，你没有听错！本能脑和情绪脑确实畏惧困难、只会享乐，但谁说它们不能从困难的事情中感受到乐趣呢？对本能脑和情绪脑来说，它们根本不在乎你是在玩手机还是在解方程，它们只在乎是否舒适。科学家废寝忘食地沉迷于研究，是因为他们真的乐在其中；跑步者风雨无阻地迈腿奔跑，是因为他们自己不愿意停下，他们正舒服着呢！

所以，想办法让本能脑和情绪脑感受到困难事物的乐趣并上瘾，才是理智脑的最高级的策略[①]。学会释放本能脑和情绪脑的强大力量，我们就会无往不胜！

① 相关策略参见第五章第六节。

第二章

潜意识

——生命留给我们的彩蛋

第一节
模糊：人生是一场消除模糊的比赛

机器人与人最大的区别是什么?

机器人没有潜意识。

它的每一个动作，包括转动“躯体”、弯曲“手指”、提高“说话”的音量等，在其“大脑”中都由精确的数值控制，一旦断电，机器人就会停止工作。但人不同，人若是晕厥、失去了意识，虽然会瘫倒在地，但心跳、呼吸、消化等功能并不会停止，因为它们受潜意识控制，除非物理死亡，否则潜意识永远不会消失。

如果和机器人一样，用数值控制每一块肌肉、调节每一种激素、处理每一个神经信号，那么人根本无法存活，因为即使是举手投足这种看似简单的动作，大脑需要处理的信息都是海量的。为了更好地生存，进化之手巧妙地采用了意识分层的手段，它让潜意识负责生理系统，让意识负责社会系统，如此分工，意识便得到了解放，可以全力投入高级的社会活动。

这就是进化的力量。然而进化是一把双刃剑，意识分层在给人类带来巨大好处的同时也带来了副作用——**模糊**。因为处理各种信息的速度不对等，意识很难介入潜意识，而潜意识却能轻易左右意识，所以人们总是做着自己不理解的事，比如明明想去学习，结果转身就拿起了手机；明明知道有些担忧毫无意义，却总是忍不住陷入焦虑，就像身后有个影子，它能影响你，但你不知道它是什么，回头看去一片模糊。这种模糊让人心生迷茫和恐惧，而迷茫和恐惧又使我们的认知、情绪和行动遭遇各种困扰，继而影响人生的走向。

模糊，正是人生困扰之源。而人生也像是一场消除模糊的比赛，谁的模糊越严重，谁就越混沌；谁的模糊越轻微，谁就越清醒。

学习知识，消除认知模糊

人的认知能力需要从零开始积累，而潜意识却一直存在，所以我们需要终身学习，因为掌握的工具越多，认知能力越强，消除模糊的能力就越强。正如你知道了“元认知”，就知道了该如何反观自己；知道了“刻意练习”，就明白了如何精进自己；知道了“运动改造大脑”，就清楚了如何激发自己的运动热情……领域内的精英无不是比其他人了解的知识更多，他们的盲区更小，认知更清晰，因而也更有影响力。

不幸的是，人类天生不喜欢学习和思考，因为这类事极其耗能。在漫长的进化过程中，生命的首要任务是生存，于是，基因自我设计的第一原则是节能，凡耗能高的事情都会被视为是对生存的威胁。而潜意识没有思维，只有本能，它会努力让身体走低能耗路线，诱导我们去娱乐和享受，所以本能通常都是阻碍学习的，而人若不学习，又无力克服本能。这个怪圈使我们在人生的初始阶段必然陷入混沌，若非外力压迫或牵引，我们往往很难跳出。

好在时代的发展为我们提供了更多的学习机会和更好的学习环境，我们主动进入反本能成长的可能性也越来越大。有意思的是，**学习知识的目的是“消除模糊”，而获取知识的方法也是“消除模糊”，目的和方法相统一**，这几乎成了这个世界上所有能人共同遵守的学习法则，这类例子能举出很多，比如：

- 《思考力》一书的作者上田正仁提示：思考力的本质就是“丢弃所有已经消化的信息，让问题的核心浮出水面”；
- 《刻意练习》中的核心方法论是：不要重复练习已经会的，要不断寻找那些稍有难度的部分；
- 《原则》一书的作者瑞·达利欧罗列了工作和生活中的原则，用以清晰地指导自己行事；
- 《超越感觉》一书告诉我们，想拥有清晰的逻辑，就坚持一点：凡事不要凭模糊的感觉判断，要寻找清晰的证据。

种种现象都在告诉我们一个事实：**提升思考能力的方法正是不断明确核心困难和心得感悟，并专注于此。**

而现实中，很少有人能清醒地意识到这一点。人们总是习惯在模糊区打转，在舒适区兜圈，重复做已经掌握的事情，对真正的困难视而不见，这背后都是潜意识在操控——因为基因认为这样做耗能更低。

优秀的人更倾向于做高耗能的事，比如“学霸”的秘诀往往在他们的错题本上——他们更愿意花时间明确错误，并集中精力攻克。比如他们在面对试卷上的错题时，不会止步于写上正确的答案，还会对错题背后涉及的知识点进行深入探究并复盘，再把同类型的题目反复做几遍，直到彻底掌握。而学习成绩一般的同学更喜欢勤奋地重复已经掌握的部分，对真正的困难选择睁一只眼闭一只眼，希望能够搪塞过去，结果模糊点越积越多，以致无力应付。不难发现，“学霸”和普通同学之间的差异不仅体现在勤奋的程度上，还体现在努力的模式上：谁更愿意做高耗能的事——消除模糊，制造清晰。

消除模糊之于学习和认知的意义，不可不察。

拆解烦恼，消除情绪模糊

认知模糊来自内部，而情绪模糊来自外界。人们每天都会面临各种烦恼，但多数人习惯被动承受，少有人乐于主动面对。德国心理治疗师伯特·海灵格曾这样描述人们对烦恼的态度：受苦比解决问题来得容易，承受不幸比享受幸福来得简单。这极符合人类不愿动脑的天性。因为解决问题需要动脑，享受幸福也需要动脑平衡各种微妙的关系，而承受痛苦则只需陷在那里不动。虽然被动地承受痛苦也会耗费很多能量，但在基因的影响下，人就是不喜欢主动耗能，所以美团创始人王兴的这句话引起了很多人的共鸣：多数人为了逃避真正的思考，愿意做任何事情。

然而回避痛苦并不会使痛苦消失，反而会使其转入潜意识，变成模糊的感觉。**而具体事件一旦变模糊，其边界就会无限扩大，原本并不困难的小事，也会在模糊的潜意识里变得难以解决。**这感觉就像在听池塘中"无数只青蛙"的叫声，让人心烦透顶，等到实在忍不住了、跑去一看究竟时，却发现其实只有几只青蛙。

真正的困难总比想象的要小很多。人们拖延、纠结、畏惧、害怕的根本原因往往不是事情本身有多难，而是内心的想法变得模糊。就像在 3 000 米跑步考核开始前，那种不知名的恐惧会让人紧张得全身发抖，而我们一旦开跑、不得不与这种恐惧正面交锋时，就会发现 3 000 米考核也不过如此。如果我们再积极些，学会从一开始就主动正视它、拆解它、看清它，或许那种紧张就不困扰自己了，我们甚至能从容地"享受"比赛。

但有些事一旦进入潜意识，可能很难消除，比如童年的不幸经历，虽然意识早已将其淡忘，但潜意识却始终保留着这些印记，并隐蔽地影响着我们的性格和行为。一些严重抑郁或精神失常的患者有时需要接受催眠治疗，而心理催眠师在治疗时使用的一切手段其实都只为做成一件事：唤醒潜意识里的痛苦事件，让患者重新面对它、看清它、从而将其彻底化解。

记住，任何痛苦事件都不会自动消失，哪怕再小的事情也是如此。**要想不受其困扰，唯一的办法就是正视它、看清它、拆解它、化解它，不给它进入潜意识的机会，不给它变模糊的机会；即使已经进入潜意识，也要想办法将它挖出来。所以，当你感到心里有说不清、道不明的难受的感觉时，赶紧坐下来写，通过文字的方式向自己提问。**

- 到底是什么让自己烦躁不安？是上台演讲、会见某人，还是思绪纷乱？
- 具体是什么让自己恐惧担忧？是能力不足、准备不够，还是害怕某事发生？
- 面对困境，我能做什么？不能做什么？如果做不到或搞砸了，最坏的结果是什么？

一层层挖下去，直到挖不动为止。坦然地承认、接纳那些难以启齿的想法，让情绪极度透明。虽然直面情绪不会让痛苦马上消失，甚至短时间内还会加剧痛苦，但这会让你主导形势，至少不会被情绪无端恐吓。

恐惧就是一个欺软怕硬的货色，你躲避它，它就张牙舞爪，你正视它，它就原形毕露。（面对恐惧和痛苦，有时候我们就是需要那么一点点勇气，**因为内心之所以不安，皆是因为我们还没有正面面对。**一旦我们鼓起勇气把它看个清清楚楚，情绪就会慢慢从潜意识中消散，我们的生活将会舒畅无比。）

里清外明，消除行动模糊

认知清晰，情绪平和，最终还要行动坚定。很多人把行动力不足的原因归结为环境干扰或是意志力弱，其实，**行动力不足的真正原因是选择模糊。**

所谓选择模糊，就是我们在面对众多可能性时无法做出清晰、明确的选择。这样的情况很常见，比如当你心中有很多欲望、脑中有很多头绪，或者拥有可自由支配的时间时，你就会进入"既想做这个，又想做那个；既可以做这个，又可以做那个"的状态，就像自己始终站在十字路口，却不知道该往哪里去，从而使自己陷入一种不确定性之中。

选择模糊就是一种不确定性，而**人类面对不确定性时会不自觉地逃避，**因为在远古时代，我们的祖先看到草丛在动但又无法得知那里面是什么时，就会产生很强的心理应激反应，来防范随时可能跳出来的野兽。为了活命，"逃避不确定性"就被写入了我们的基因，所以，当我们的头脑中有很多模糊的选项时，我们就会不自觉地选择那个最清晰、简单和确定的选项。也就是说，**当我们没有足够清晰的指令或者目标时，就很容易选择享乐，放弃那些本该坚持但比较烧脑的选项。**

因此，在现代生活中，要想让自己更胜一筹，就必须学会花费更多的脑力和心力去思考如何拥有足够清晰的目标。我们要把目标和过程细化、具体化，**在诸多可能性中建立一条单行通道，让自己**

始终处于“没得选”的状态。[①]

总之，人生就是一场消除模糊的比赛，我们比拼的不仅仅是成长的速度，还有成长的模式。在这条赛道上，领先的群体都有意无意地做着同一件事：消除认知、情绪和行动上的模糊。

消除模糊需要主动反本能，所以这必然是一条更难走的路。不过你也无须害怕，鼓起勇气面对就好了。

---

① 具体方法将在第六章第一节展开。

第二节

感性：顶级的成长竟然是“凭感觉”

人类生存于世，比拼的是脑力思维，但极少有人知道，我们的身体里还有一个更高级的系统，若能善用，成就非凡。

1941 年，德军对英国本土进行了猛烈的空袭，英国首相丘吉尔经常在夜晚坐车前往防空阵地视察。一天晚上，他检查完一个阵地后准备离开。当助手准备为他打开车门时，丘吉尔却绕到了汽车的另一边，打开另一扇车门坐了进去。不一会儿，一颗炸弹从天而降，在汽车附近爆炸，差点儿把丘吉尔的车掀翻；如果从助手打开的那扇门上车，丘吉尔可能就丧命了。事后，妻子问丘吉尔为什么要换到另一边坐，丘吉尔答道：“当我就要上车时，有个声音对我说‘停下’。上天似乎叫我打开另一扇车门坐进去，于是我就照办了。”

故事讲到这，肯定有人会说：“周岭，你不是向来讲科学、理性吗？难道这种事情你也相信？”各位少安毋躁，我既然引用了这则故事，自然是相信的，后面肯定会给出合理的解释。不过在解释之前，我还要给大家讲个更广为人知的故事，主人公也是一位著名的领导者——美国总统林肯。

林肯的一位朋友曾向他推荐一位阁员，等见过面后，林肯却没任用他。朋友来问原因，林肯说："我不喜欢他的长相。"朋友说："你怎么能以貌取人？这也太苛刻了，他不能为自己天生的面孔负责啊。"林肯回答道："不，一个人过了40岁就应该为自己的面孔负责。"

怎么样？两位著名人物竟然都如此感性，仅凭感觉就拍板做出了重要的决定，你确定不想了解一下感性的相关知识？

潜意识的智慧

在之前的内容里，我一直强调理性的重要性，并把模糊的感性归入需要克服的天性的范畴，但这次我要为感性正名。

为了方便理解，我把理性表述为意识，把感性表述为潜意识，事实上它们就是这么回事。不过对于潜意识，学术界看法不一，比如弗洛伊德认为潜意识是"危险地带"，里面蕴藏着邪恶，它会让人遵从原始欲望回到野蛮状态；但心理学家荣格认为潜意识是智慧的，它包含了很多理性无法涉及的东西，甚至包含了人类的集体智慧。

到底孰对孰错呢？现代科学研究认为二者各对了一半。潜意识没有思维，只关心眼前的事物，喜欢即刻、确定、简单、舒适，这是属于**天性的部分**，同时，它处理信息的速度又极快，至少可达 11 000 000 次 / 秒，能极其敏锐地感知很多不易察觉的信息，这是属于**感性的部分**。而意识，即我们的理性思考，处理信息的速度只有 40 次 / 秒，潜意识是它的 275 000 倍，二者的能力有着天壤之别。

这就好比两个人同时从北京去天津，一个人是慢悠悠地散着步去的，而另一个人则是坐着火箭去的（飞机和高铁都无法表示这个差距）。这种快慢对比就会造成“认知错位”——很多信息早已被潜意识察觉到，但意识仍一无所知。比如当你第一次见到某人时感到些许不适，很快你就露出了礼貌的微笑，这表明潜意识察觉到了一些不良信息，但这个过程转瞬即逝，思维根本察觉不到，反而给出一大堆分析和理由，让自己接受对方，结果往往事与愿违。所以丘吉尔并不是迷信，林肯也不是任性，而是他们捕捉到了潜意识发出的那一丝微弱的信号，这就是所谓的**“凭感觉”——察觉潜意识发出的信息。**

洪兰教授在 2015 年的 TED 演讲《脑科学揭露男女思考的秘密》中，说过这样一段经历。

> 20 世纪 70 年代，洪兰教授在美国加利福尼亚大学读书。一个年轻的助理教授在自动取款机取钱时被抢劫了，因为太紧张，她没记住抢劫者的样子而报警无果。但此后助理教授开始莫名地讨厌起自己的一个研究生。那个研究生长得胖胖的，头发到肩膀，喜欢穿破洞裤……而她自己的解释是那个研究生喜

欢吃汉堡加洋葱，身上臭臭的，等等。后来警察抓到几个抢劫犯，叫她去指认。她一眼就确定了罪犯——那个人长得胖胖的，头发到肩膀，穿着破洞裤……

洪兰教授表示，助理教授潜意识里其实记住了罪犯的样子，并发出了信息——让她开始讨厌那个样子与罪犯相似的研究生。但这些信息并没有进入意识里，所以理性意识根本不知道是怎么回事，只好做了另外一通解释，实际上牛头不对马嘴。

想不到我们潜意识的感性部分这么厉害吧？有多少人知道我们的身体里竟然还藏有这样一个高级的系统呢？如果不善加利用，实在是太可惜了！尤其是在学习和成长的过程中，如果有它的助力，或许会有意想不到的收获。

凭感觉学习

那么在学习成长的过程中，我们该如何利用这个高级系统呢？《好好学习》一书的作者成甲就给我们做了一个很好的示范。他在《史上最简单的“不读书法”》和《隐形的关键：比知识更重要的能力》这两篇文章中，都提到一个非常有意思的学习方法——凭感觉学习①。

比如在第一篇文章中他自创了一个“熔断不读书法”。所谓

① 此段内容引自公众号“成甲”，有删改。——编者注

“熔断不读书法”，意思就是在读书时一旦看到有启发的内容，就触发熔断点，立刻停止读书。停止读书之后做什么呢？围绕这个触发点对自己提问。

- 为什么刚才这个点让我有启发？
- 我能够把这个启发点用在 3 个不同的事情上吗？
- 这个启发点有没有其他类似的知识？

在另一篇文章中，他又提出：无论在生活中还是在学习上，凡是被某件事击中，“动了感情”，就要有意识地提醒自己追问原因。

- 为什么这个电影桥段会让我感动？发生了什么？
- 为什么这个产品让我这么喜欢？是什么让它与众不同？
- 为什么我不由自主地沉溺于这段剧情了？

这就是高手学习的方法：**先用感性能力帮助自己选择，再用理性能力帮助自己思考**。文中的触动来自感性，而提问则来自理性，感性在前，理性在后，这背后的原理就是通过捕捉潜意识发出的信号进行感知。

无独有偶，学习专家李晓鹏在《学习高手的三驾马车》一书中也提到了类似的方法。他读中学的侄女赵璐向他请教学习的秘诀时，他只说了 3 个字：凭感觉。

这个答案让赵璐简直不敢相信。对此，他解释道：“不管你现在是什么水平，这一招都管用——就是凭感觉！那些一眼就能看出答案的题目，不用理它；一眼看过去就头痛、不知道在说什么的题目，也不用理它；只有那种大致能看出点思路，但又要动点脑筋的题目，一定要多做。这个就是中间地带，是你能够进步最快的地方。”

看出端倪没？“凭感觉”之所以被称为顶级的方法，是因为它能帮我们感知真正适合自己并需要的东西，让自己处于学习的“拉伸区”。如果单纯运用理性，我们通常会向优等生看齐，把眼光放在那些最难的题目上，想着如何追赶他们；如果顺从天性，我们就会在最简单的题目上打转（见图 2-1）。

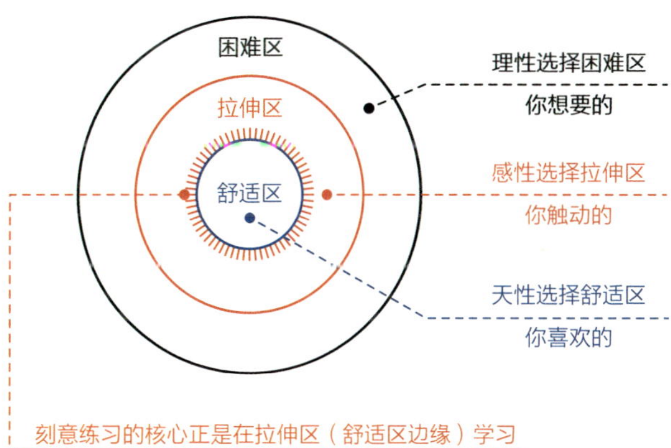

图 2-1　理性、感性、天性的选择倾向

读书也是这样，如果单纯运用理性，我们通常会在看完整本书后花大量时间梳理作者的框架、思路，以此来表明自己读懂、读透了这本书；如果顺从天性，我们可能就放下书本去玩手机了。鉴于此，更好的读书方法或许就是你在读完整本书后过几天再问自己：现在你印象最深的触动点是什么？牢牢抓住这个触动点，去关联、去实践，就会获得最大的收获，而其他的内容则可以先放到一边。这也是我自己的读书方法——**全书只取最触动自己的一个点，然后尽可能去实践、改变。这样读书不仅收获更大，而且也不会焦虑。**当然，如果一本好书有很多个触动点，我们可以在彻底实践第一个触动点后再依次实践第 2 个、第 3 个……但不变的原则是：一次只实践一个触动点，直到彻底产生改变。想同时做很多的人，到最后往往什么都做不好。

潜意识的感性总能帮我们发现什么是真正适合自己的，从而引导精力投入，快速提升自己，因为在拉伸区内学习难度最小、需求最贴合、见效也最快，很容易产生心流。可见，学习虽然不是一件轻松的事，但在合适的区域内，我们依旧可以体验到轻松和有趣。如果你感受到的总是痛苦和无趣，那十有八九是感觉不对——要么在困难区煎熬，要么在舒适区打转。

凭感觉寻找人生目标

学习只是冰山一角，感性的力量适用于生活的方方面面，尤其在面临重大的人生问题时，如选择伴侣、确定职业、寻找人生目标等。对于成长而言，很多读者最大的苦恼就是找不到自己的人生目标。

一个人若是没有人生目标，纵然每天有吃、有喝、有书读、有班上，也会像一个迷失的人一样，内心没有喜悦、生活没有激情，甚至会厌恶自己，因为**目标是存放我们热情和精力的地方。**

很多人为了找到自己的人生目标，费尽心思地分析什么事情最值得做，最后得到的答案往往是“变得很有钱”或“被别人崇拜”。这样的目标不能说有错，但往往不能长久，也无法给人真正的动力，因为这是理性思维权衡利弊和考量得失之后的结果，其动机往往来自“自我索取和外在评价”，时间一长，很容易使人迷失方向或动力枯竭。

真正的觉醒者往往会有意无意地**用感知力来代替思考力**，比如《美好人生运营指南》一书的作者一稼就提出了6条寻找人生使命的建议。

- 这个世界有很多事情可以做，你最想帮助哪些人？
- 什么事让你废寝忘食？
- 你在做什么事情的时候最让自己感动？
- 你最让人感动的时刻是什么？
- 如果没有任何经济压力，你会如何度过余生？
- 闲暇的时候，你关注最多的是哪方面的信息？

我们需要用心去感受什么事情让自己最触动，而不是用脑去思考什么事情最有利。理智的分析和计算无法解出内心的真正需求，唯有感性的觉知和洞察才能让答案浮出水面。而且正确的答案往往都是利他的，因为真正长久的人生意义和幸福只能从他人的反馈中获得。

《坚毅》一书的作者卡洛琳·亚当斯·米勒也提出了 3 个类似的问题。

- 设想你即将离开世界，回首一生会为什么事情而后悔？
- 想一想你最喜欢的人物是谁？
- 你年轻的时候是怎么度过闲暇时光的？

回答这 3 个问题同样需要我们**动用感知力而不是思考力**，因为直视死亡可以简化一切事物，让自己把注意力重新集中在真正重要的事情上；对于你喜欢的人物，不管是虚构的还是真实的，只要让你深深地着迷，就可以从这些人物身上反射出内心理想的自己；而年轻的时候没有家庭、工作负担，那时的追求更加遵从内心，不会受外界压力的干扰。

或许我们每个人的心中早就埋下了人生目标的种子，只是成年后被生活压力所迫，理性思维开始权衡各种利弊，不愿承认或刻意忽略自己原有的梦想，而感性力量却始终在帮我们守护和珍藏那些理想。如果你现在还没有人生目标，不妨用上述方法尝试一下，或许会有意外的惊喜。

归纳起来，我们可以发现，理性思维虽然很高级，但在判断与选择方面可能并不具有优势，它那蹩脚的性能实在无法与灵敏快速的感性媲美。所以，先用感性选择，再用理性思考，或许是一个更好的策略，尤其是在做那些重大选择时。诚如洪兰教授的建议：**小事听从你的脑，大事听从你的心**。这话不无道理。

如何捕捉感性

感性能力虽然很厉害，但它看起来虚无缥缈，我们该如何捕捉它呢？以下做法不妨参考一下。

（1）“最”字法。关注那些最触动自己的点：让你眼前一亮、心中泛起波澜的人和事，脑中灵光乍现的想法，遭遇的痛苦，等等。学会捕捉它们，并深入分析挖掘，往往会有丰厚的收获。

（2）“总”字法。平时脑子里总是不自觉地跳出来的某些重复念头，或是心里总是挥之不去的事，这些通常都是我们心中最放不下的事，是情绪波动的源头。当我们有意识地去审视并消除它们时，自己会变得更加平和。

（3）无意识的第一反应。关注自己第一次见到某个人、第一次走进某个房间、第一次做某件事时，心中出现的瞬间反应或第一个念头。心理医生在了解患者时往往也会说：不要思考，告诉我你脑中出现的第一个想法。因为第一个念头往往是来自潜意识的真实信息。不过，产生第一个念头的过程很短，如果不刻意练习可能感知不到，因为理性思考很快就会接替潜意识发挥作用。

（4）梦境。梦境是潜意识传递信息的一种方式，它可能是内心真实想法的展示，也可能是灵感的启发。德国化学家凯库勒就是在非常疲劳的情况下做梦梦到一条首尾相咬的蛇，这条蛇成了他发现苯分子结构的线索。聪明的潜意识早已找到答案，然后借助梦境去提示他。幸运的是，凯库勒捕捉到了。

（5）**身体**。《美好人生运营指南》一书的作者一稼曾经喜欢高强度运动，因为理性告诉她“没有痛苦，就没有收获”。然而，她每过 4 个月就会莫名其妙地大病一场，直至一位中医医师告诉她：“这是你的身体在罢工，告诉你它不喜欢你的运动方式，你要学会多倾听身体的反馈。”她恍然大悟，从此选择了更柔和的运动，再也不莫名其妙地生病了。身体不会说话，却是最诚实的。无论生理还是心理上的不适，都会通过身体如实地反映出来，记得多关注这些反馈。

（6）**直觉**。给一些来路不明、无法解释的信息开绿灯，就像丘吉尔一样。

第三章

元认知

——人类的终极能力

第一节
元认知：成长慢，是因为你不会“飞”

1946 年 10 月 24 日，一群科学家为了研究太阳的紫外线，在美国新墨西哥州白沙导弹试验场发射了当时世界上最先进的 V2 液体火箭，该火箭还搭载了一台 35mm 的相机。火箭飞到大约 104 千米的高度时，相机启动并拍摄了一张照片，那张充满颗粒的模糊黑白照片开启了人类从太空中反观自己的新纪元。

随后的几年里，人类进行了多次尝试，终于在 1959 年 8 月 7 日，美国“探索 6 号”卫星拍摄了第一张地球全景照，人类从此拥有了“上帝之眼”，以从未有过的视角俯瞰这个神奇的蓝色星球。有了人造卫星的辅助，人类对地球的观察便一目了然，社会的进步也一日千里——通信、气象、导航、测绘等技术飞速发展，偌大的地球俨然变成了一个“地球村”。今天，人们已经可以便捷地使用数字地球技术。

记得第一次从“谷歌地球”上看到自己的家乡时，我心里发出了深深的感叹：原来这就是飞一般的感觉，就像自己有了翅膀一样，可以在世界的每一个角落任意遨游！但是你可知道，早在 15 万年以前，人类就已经拥有这种能力，当然不是指人的身体真的飞到空中，而是指意识与本体分离，“飞”到更高处去反观自己。

你如果仔细观察过这个世界上优秀的人，就会发现他们几乎都是“飞”着前进的；我们跟不上他们的脚步，可能正是因为自己不会“飞”。事实上，绝大多数人并未意识到自己身上还有一对翅膀，更不曾想如何主动挥动它们，好让自己飞起来。现在就让我重新唤醒你，帮你从混沌中展开翅膀，学会运用人类认知上的终极能力——**元认知**。

“万物之灵”的根源

元，在汉语中有“头、首、始、大”的意思，即最高级别的，比如一个国家的最高领导人会被称为国家元首。元认知，就是最高级别的认知，**它能对自身的“思考过程”进行认知和理解**（见图3-1）。

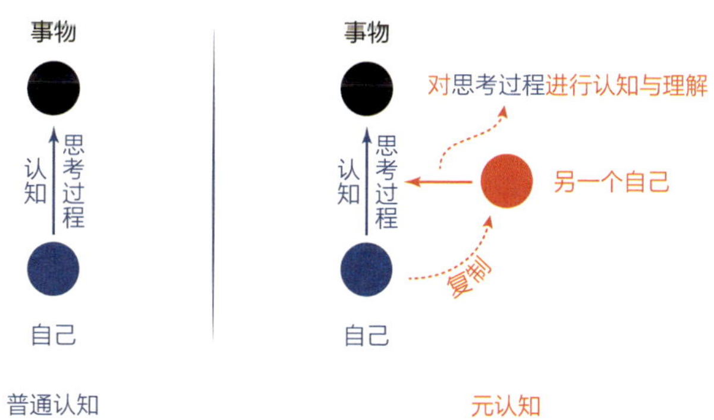

图 3-1　普通认知与元认知的区别

听起来有些拗口，实际上，元认知能力就是我们习以为常、见怪不怪的**自我觉察和反思**能力。这种能力不仅为我们人类所独有，也是我们成为万物之灵[①]的根源。其他动物是不具备这种能力的，与人类基因最接近的大猩猩也最多只能分辨镜子中的猩猩是自己，它们依旧无法从自我和当前的情境中脱离，假想出“另一个自己”——因为它们没有元认知这对“翅膀”，天生就不会飞！

而人类不同。人类的大脑进化出了新皮层，这使我们具备了极强的感知和思考能力，从而可以依靠理智生活，而其他动物则只能依靠本能和情绪来生存。更神奇的是，人类还可以观察自己的思维活动，找出其中不合理的地方，然后改进优化，不断做出更好的选择。人的思维就好比一把锤子，它不但能钉钉子，还能复制出另一把锤子来锤打自己。只要方法正确，时常修订，那么这把锤子就会进化成更高级的工具。

或许因为人类生来就拥有这种能力，所以人们对此不以为然。但回望历史长河便可知道，这可是其他物种求之不得的本领，我们没有理由不好好珍惜。

元认知能力的差异

那么为什么人人都有觉察和反思能力，但人与人之间的差别

① 《尚书·泰誓上》中写道：“惟天地万物父母，惟人万物之灵。”指人是世上一切物种中最有灵性的。——编者注

却如此之大呢？原因其实很简单，元认知能力也是有层级的，在人人都有元认知能力的世界里，唯有拥有更高级的元认知的人才能胜出。按照心理学的意向性[①]分类，元认知至少可分为六个等级，它们最终又可归为两类：**被动元认知和主动元认知。**

普通人通常只会在遇到问题时被迫启用这个能力，比如遭遇指责、批评时，才不得已去反思纠正；处于顺境时，依旧会顺着本性生活，该玩手机玩手机，该睡懒觉睡懒觉，对自身行为的好坏毫无觉察。被动使用元认知的人，似乎只有在迫不得已的情况下才会被迫扇动几下翅膀。而有些人即使在没有威胁的情况下也会尝试练习扇动翅膀，让自己不断进化，彻底远离危险。

从被动到主动，这是一个转折点。当一个人能主动开启第三视角、开始持续反观自己的思维和行为时，就意味着他真正开始觉醒了，他有了快速成长的可能。

元认知如何改变我们的命运

反观，是元认知的起点。当你开始反观自己的思考时，神奇的事情发生了：**你能意识到自己在想什么，进而意识到这些想法是否明智，再进一步纠正那些不明智的想法，最终做出更好的选择。**缺乏自我观察意识的人只能无意识地顺着感觉和喜好行事，无论在生理上还是在精神上，都会不自觉地追求眼前的舒适和简单，觉察不

① 心灵代表或呈现事物、属性或状态的能力。——编者注

到自己当前的思维和行为有什么不妥，直到碰壁。而人生是由无数个选择组成的，不同选择的累加造就了不同的人生。如果你觉得自己的人生不如意，问题十有八九就出在这里。

好在元认知一旦开启，变化马上就会发生。为了体验这种变化，你不妨想象自己身边有一个“灵魂伴侣”，他会时刻伴随、指引着你，于是，在你走神时，他会提醒你集中注意力，去做更重要的事；在你迷茫时，他会站在人生高处，帮你看清局势和格局；在你生气时，他会帮你梳理情绪，找到比生气更好的选择；在你无解时，他会深入底层规律，提示你应该抓住什么；在你懈怠时，他会站在人生的终点，警醒你现在应该做什么……

如图 3-2 所示，这才是高级的元认知——时刻帮你从高处、深处、远处看待现在的自己，让自己保持清醒、不迷失，保持动力、

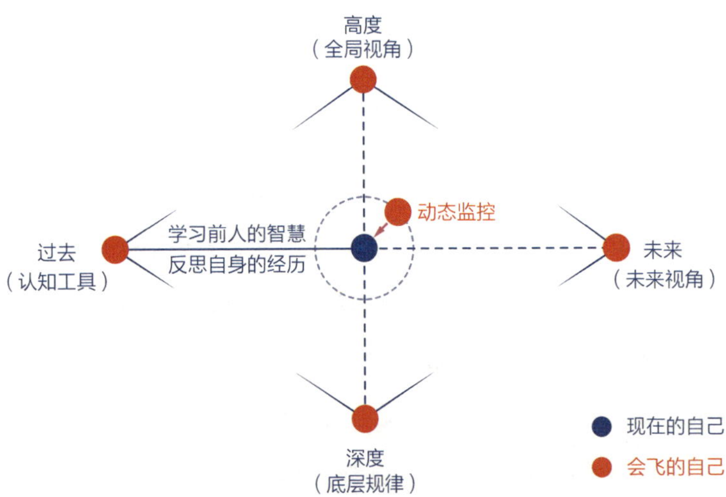

图 3-2　元认知的维度

不懈怠，保持平和、不冲动，就像有一个“理想中的自己”始终在引领你。有这样的能力加持，你会差吗？

如何获取元认知能力

一旦你知晓了元认知这个概念，主动元认知就已经不可逆地被启动了。但这还不够，元认知的范畴远不止如此，要想获取这种能力还有更为系统的方法。

第一，从图 3-2 中可以看出，提升元认知能力的工具需要从“过去”端获取，包括学习前人的智慧和反思自身的经历。

前人的智慧有很多，大多可以从书籍中获取，比如当我们读过《刻意练习》后，再面对学习中的困难时就不会逃避和畏惧，而会利用“舒适区边缘”理论让自己积极面对挑战；比如当我们读过《超越感觉》后，面对自己讨厌的人时也不会表现出攻击和不屑，而会尽力从他身上学习真实可用的东西。这正是我们需要终身学习的原因，因为学习前人的智慧可以让我们拥有更广的全局视角（高度）、掌握更深的底层规律（深度），帮我们从无知中跳出来，做出更加正确的选择。

尤其值得关注的是脑科学和认知科学，这类知识是对我们自身行为模式的直接描述，学习它们相当于直接观察我们自己。比如当我们知道自己的大脑构成时，就能意识到自己体内其实有一个“原始自我”和一个“现代自我”，我们的一切行为表现其实都是它们博弈的结果，这样，我们就知道该如何指导那个“现代自我”取得胜利，从而让自己变得更强。

第二，自身的经历更是一种独特的财富。我们每天的生活像河水一样流过，如果不做停留则很难攫取生活中的智慧，而反思复盘让我们有机会思考有什么经验可以获得、有什么教训可以汲取，这样就可以在下次面临类似的问题和场景时做出更好的选择。曾子曰：“吾日三省吾身。”古人早已将反思复盘的方法付诸实践。

第三，如果说学习和反思是静态的，那处于当下的、动态的自己又该如何主动运用元认知呢？很简单，启用你的“灵魂伴侣”啊！让他时刻监控你，就像电脑系统里的杀毒软件，监控着你的每一次操作，一旦发现可疑文件就立即发出警报。

试着回顾一下这类场景。你需要查找一份资料，打开手机，看到微信上有个小红点，不自觉地点进去，发现有人在朋友圈里发了一段搞笑视频，你忍不住点开看了一下，又发现这个视频的背景音乐是自己找了很久的曲子，于是打开音乐软件去搜索这首歌曲……不知不觉，半小时过去了，之前要查找资料的事早已忘得一干二净。

我们总是这样，一开始只想找一根绳子，最后却牵出一头大象。有时候你会沉迷于微博、头条、手游而无法自拔；有时候你会这里弄一下、那里弄一下，忙得一团糟，却不知道自己到底在忙什么；还有的时候，你会困在某种情绪之中，无端地消耗着自己……这些都是元认知能力不足的表现——顺着自己的本性做喜欢和舒服的事，精力发散，缺乏觉知，任何偶发的干扰都会分散注意力。

如果有个“灵魂伴侣”一直在监控你，你就能审视自己的行为，从过程中跳出来，告诉自己：“这个事情可做可不做，还是先忍一下，等做完重要的事情再说；停下来，先想清楚什么事情是最重要的，不能盲目地做那些容易但不重要的事；再过几年回头看，现在的烦恼不值一提，与其消耗自己，不如把情绪收起来，干点有用的事……”

这种警醒和改变肯定不如保持现状舒服，但能够让你将注意力放到原来的目标上，去聚焦、去成长。

元认知能力总能让你站在高处俯瞰全局，不会让你一头扎进生活的细节，迷失其中。如果你足够细心，还会发现**未来视角总是当前行动的指南针，**它可以在茫茫的生命中为你导航，让你主动选择去做那些更重要而不是更有趣的事情。特别是当你难以抉择或极度纠结的时候，你可以用这句话提醒自己：**面对重大选择，站在终点去思考。**只要你站在这个角度去思考，很多问题都会迎刃而解。

第四，提高元认知能力的方法有很多，但最让人意想不到是下面这条——冥想。是的，冥想就是那种只要静坐在某处，然后放松身体，把注意力完全集中到呼吸和感受上的活动。

冥想就像是大脑的“健身操”，它需要我们不断地觉察自己的注意力，所以在过程中如果我们发现自己走神了，就要把注意力柔和地拉回来。这种注意力训练可以直接从物理上帮助我们提升大脑的元认知能力。现在再联系之前提到的“灵魂伴侣”，不难发现这些活动本质上都在做同一件事：**监控自己的注意力，然后将其集中到需要关注的地方。**

反馈是这个世界的进化机制。有反馈，并形成回路，就可能使任何系统开始自我进化，无论机械设计还是软件系统都是如此。而元认知正是人类认知能力的反馈回路，有了它，我们才可能进入快速进化的通道。

虽然元认知能力很有用、很神奇，但我还是想给大家一句忠告：想拥有和掌握元认知能力并不容易，这需要不断地练习、练习、再练习。很多时候，你发现自己做得并不好，没关系，重新再来。用不了多久，你就会发现，自己慢慢变得和以前不一样了。

这种变化也是反馈，收集这些反馈，然后继续激励自己，终有一天，你会变得与众不同。

第二节

自控力：我们生而为人就是为了成为思维舵手

如果没有元认知，我们将不能自称为“人”；如果元认知能力不强，我们也很难从人群中脱颖而出。元认知能力如此重要，以至于被称为人类认知上的终极能力。那如此重要的能力仅仅是如前文所说的自我觉察吗？不是。自我觉察只是元认知能力的基本盘，在实际生活中，元认知能力还能在自我控制方面提供强大的指导，可以说，**元认知能力就是觉察力和自控力的组合**。所以从实用角度讲，元认知能力可以被重新定义为：**自我审视、主动控制，防止被潜意识左右的能力**。

我们天然被潜意识左右

或许你对“自我审视、主动控制”这句话不以为意，认为自己随时可以自我审视，可以轻易控制自己的所思所想和言谈举止。如果你持有这种想法，那你可能只是简单地理解了字面意思，不信我们重新体会一下以下场景。

早上醒来时，我们的第一反应通常都是不假思索地去拿手机，这种不需要思考就能做出的习惯性反应，就来自潜意识的左右。实际上，这个时候我们最应该做的事情是起床、穿衣服、洗漱，等一切收拾妥当了再来查看信息，否则很可能受各种信息的牵引去看这个、看那个，最后，几十分钟过去了，人还在被窝里。在这一刻，我们有自我审视和主动控制的能力吗？好像没有。

让我们把时间拉长到一天这个跨度上去看看。很多人经常会在一天临近结束的时候发出灵魂拷问：我这一天都干了什么？最重要的事情好像没做多少，乱七八糟的琐事却做了一大堆！当即幡然醒悟、痛下决心，提醒自己从明天开始一定要先做最重要的事，但是第二天又不知不觉地陷入了这种怪圈。这个时候，我们似乎依旧被潜意识支配，无法自控。

现在我们再把时间拉长到做成一件事或实现人生目标的跨度上。很多人为了获得美好的人生，常常给自己立下早起、跑步、阅读、写作等目标，但是没过几天就放弃了，因为那些目标大多是受大环境影响而跟风设定的——别人说好，自己也想要，但实际上，自己并不真的需要。仔细想想就会发现，这仍然是我们的第一反应，是潜意识在左右我们，我们并没有真正进行自我审视和主动控制。

可见，从当下，到每天，再到一生，我们都天然被潜意识左右着。

成长就是为了主动控制

我们刚出生的时候，理智脑还没有发育完全，其战斗力约等于零，这个时候，我们只有本能。你看小宝宝，别人给他看什么，他就会被什么吸引，他们的注意力都是被外界吸引的，他们的行为也完全由天然的本能左右。

随着我们不断长大，大脑的前额皮质开始发育，理智脑的战斗力才慢慢增强。不过理智脑的战斗力其实表现在两方面：**一方面是侧重学习、理解、记忆、运算的认知能力，**即我们在校学习时主要锻炼的部分，**另一方面则是侧重觉察、反思、判断、选择的元认知能力（见图 3-3）**。

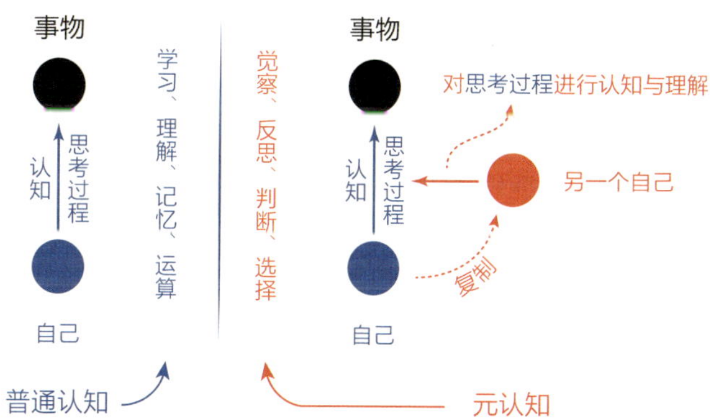

图 3-3　普通认知与元认知是理智脑战斗力的两个表现

遗憾的是，我们大多数人虽然在学校集中锻炼了认知能力，但对元认知能力的锻炼却很少涉及。这也是很多人活了几十岁依然执行力不强、专注力不够、意志力不足的原因。所以，一个人要想掌握命运之船的风帆，就必须主动、刻意地锻炼自己的元认知能力，让理智脑更多地参与大脑的决策，掌握大脑的主导权，这样，我们就会比一般人走得更快、更远。

在这个主导权易手的过程中，一个人会表现出的明显特征是：能够主动控制注意力，不会被随机、有趣的娱乐信息随意支配。比如，当我们漫步街头时，元认知能力弱的人总会被路边的音乐、屏幕广告、叫卖声或突发事件轻易地吸引，而元认知能力强的人则会花那么一两秒去思考这事值不值得关注。

在小马宋的《朋友圈的尖子生》这本书中，主角之一的刘丹尼说过这样一个观点：“教育的意义就是教你在遇到一件事的时候如何看待它。当你对这件事进行反应的时候，总是有你自己的天性在里面，比如说有人骂你，你就想骂回去，但是你在这个反应当中会有一个哪怕是零点几秒的间隔去思考或者审视，这个间隔就是你获得的教育或者经历的意义。”这段话非常好地阐释了元认知能力在大脑决策中的作用，就是这个零点几秒的间隔，对我们来说非常关键。

所以你现在很容易就能想明白：为什么抖音、快手等短视频 App 让人看得根本停不下来？因为一个视频结束后系统会立即自动跳到下一个，在整个过程中，大脑都被本能和情绪劫持，理智脑根本没有主动启动的机会。如果你希望自己能从娱乐中抽身，只需提前告诉自己：“这个视频结束后暂停几秒。”一旦理智脑拥有了审视和反思的时间，我们通常都能控制住自己。

在生活中更是如此。早上醒来时，如果能有几秒的时间用来思考，我们就可能在起床和看手机之间做出更好的选择；看到微信有未读消息提示时，如果能先停留几秒，我们就可能决定先去做重要的事，而不是点击那个小红点……总之，**每当遇到需要选择的情况时，我们要是能先停留几秒思考一下，就有可能激活自己的理智脑，启用元认知来审视当前的思维，然后做出不一样的选择。**

种种迹象表明，那些有影响力的杰出人士与普通人的差距普遍体现在元认知领域，前者总是能在大大小小的选择关口上，展现摆脱潜意识支配的能力，从而尽可能地观察与思考身处的环境、自己的行为、与他人的关系等，给出有理有据的见解，做出更好的选择。比如，有的人能看到事物更多的意义，赋予目标强烈的价值，因此他们比其他人的专注力、执行力和意志力更强；有的人能觉察他人的感受和想法，从而克制自己的言行，显得情商更高。他们真正的竞争力不在于学习能力，而在于强大的元认知能力。很多学习能力、运算能力超强的学霸，他们的理智脑虽然同样强大，但未必能过好自己的人生。所以，我们要想办法锻炼自己的元认知，就像锻炼我们的肌肉一样，只要经常锻炼，它们就会越来越强，能被轻易激活。

当然，这并不是一件容易的事情。我们在生理锻炼上需要花多少心力，在认知锻炼上也需要花费同样的心力，并且要持续练习，还需要方法的指导。好在方法并不难，那就是：**一定要在选择节点**

上多花“元时间”。

成为自己人生的思维舵手

“元时间”是我自创的概念。这是一个极好的概念，因为一天24小时看起来每分每秒都一样，但实际上并不相同，有些时间的权重要远远大于其他时间，我把这些权重大的时间叫作“元时间”。

元时间通常分布在“选择的节点”上，比如一件事情、一个阶段或一天开始或结束时。善用这些时间会极大程度地优化后续时间的质量。换句话说，所有面临选择的时间节点，都可以被称作“元时间”。我们不能在这个时候丧失主动权，任由本能左右自己进入下一个阶段，尤其是在面对诱惑或困难的时候。那么，在“元时间”内我们要做什么呢？很简单，就做一件事：**想清楚。**

如果不在这些选择的节点想清楚，我们就会陷入模糊状态，而模糊是潜意识的领地，它会使我们产生本能的反应——选择娱乐。所以，基本的应对策略便是：**在选择的节点审视自己的第一反应，并产生清晰明确的主张。**

比如我们希望成为一个会说话的人，那么遵守一个原则：想两遍再说。因为脱口而出的话往往出自本能，所以如果我们能在那句话说出口前先停一两秒，用理智脑再审视一遍，或许马上就会改变主意、换一种说法，甚至选择保持沉默，毕竟有时候最好的回答就是不回答。

同样，早上醒来的那一瞬间、拿起手机的那一瞬间、回到家的那一瞬间……我们都要面临新的选择，要主动消耗脑力去审视它们。虽然这样做会更累，但这正是锻炼元认知能力的最佳时机，就像是在举思想哑铃，让自己的理智脑变得更强大。

要想清楚，不仅要审视第一反应，同时还要有清晰明确的主张。比如到了周末，我们的第一选择可能是睡懒觉；在觉察审视之后，我们可能改用这个时间来学习。但这时我们的选择还是模糊的，因为平时那些想做但没时间做的事情都堆在了一起，既想读这本书，又想读那本书，还想写文章、锻炼，等等。由于每件事的权重似乎都差不多，最后反而在犹豫不决中浪费了时间。很明显，这不是元认知能力强的表现，因为自己又在多选项前悬而不决，处于模糊状态了。

元认知能力强的一个突出表现是：对模糊零容忍。换句话说，就是想尽一切办法让自己找出那个最重要的、唯一的选项，让自己在某一个时间段里只有一条路可以走。这道理很简单，既然权重都差不多，那么做哪件事都没有损失。犹豫不决，什么都想做又什么都做不好，才是最大的损失。

我们可以回想一下，**自己行动力弱的时候，脑子里对未来的具体行动肯定是模糊不清的。**在这个时候，最好的自救方法就是把所有想做的事情都列出来，进行排序，找出最重要的那件事，让脑子清醒。

模糊，不仅需要在这些小事上消除，在选择人生目标等大事上也是如此。现实生活中，我们总是想都不想就一头扎进具体事情里，对什么事情更重要、什么事情最重要、做这件事对自己到底意味着什么等长远意义却极不清楚。

比如，阅读在你眼中可能只是用眼睛扫描文字，快速地把这本书扫完，而在有些人眼里，阅读就是和高层次的人聊天，他们赋予阅读这样的意义，内动力就会完全不同。若是看不清意义，我们就会陷入“别人说好，自己也想要”的状态，于是什么都想学，还想马上看到效果，最后自然是盲目投入行动，却什么也做不成，进而变得更加焦虑。

焦虑的人很少有“元时间”的意识，他们习惯于不动脑子、直接行动，喜欢用饱和的行动来感动自己，想与做的时间配比悬殊；他们甚至连一丁点儿深入思考的时间都不愿意花，任由本能欲望让自己迷失在自我满足的行动里。

被“自动驾驶”确实轻松，但这样，我们只能看着路边的风景从眼前飞驰而过，却不知道自己要去哪里，最终又会到哪里。如果一直处于这种不可控的人生状态，那就悲哀了。

综上所述，成为思维舵手有 3 种方法。

- 针对当下的时间，保持觉知，审视第一反应，产生明确的主张；
- 针对全天的日程，保持清醒，时刻明确下一步要做的事情；
- 针对长远的目标，保持思考，想清楚长远意义和内在动机。

元认知能力强的人就是这样：无论是当下的注意力、当天的日程安排，还是长期的人生目标，他们都力求想清楚意义、进行自我审视和主动控制，而不是随波逐流。

如果人生是大海，那我们每个人都是一条小船，元认知能力强的人会时刻掌握方向舵，主动控制生命之船的航向；而元认知能力弱的人总是喜欢待在甲板上当个忙碌的水手，至于船嘛，漂到哪里算哪里……

高尔基曾经说：*每一次克制自己，就意味着比以前更强大。*我以前不是很理解这句话的意思，但是现在懂了。因为每克制自己一次，就相当于进行了一次自我审视和主动控制，相当于进行了一次锻炼。元认知能力要是能经常锻炼，我们理智脑的自控力可不就越来越强大了吗！

下篇

外观世界，借力前行

第四章

专注力
——情绪和智慧的交叉地带

第一节
情绪专注：一招提振你的注意力

用元认知来观察自己的注意力是一件很有意思的事情，相信你可以轻易观察到这种现象：身体做着 A，脑子却想着 B。

- 跑步的时候，手脚在动，脑子却在考虑明后天的安排；
- 吃饭的时候，嘴巴在动，心里却在担忧与他人的关系；
- 睡觉的时候，身体不动，思绪却像瀑布一样倾泻而出……

这些场景司空见惯，俗称分心、开小差。不过你可能根本不觉得这是个问题，甚至还对自己能一心二用而沾沾自喜。然而这种“做 A 想 B”的行为模式却实实在在地影响着我们，使我们在不知不觉中徒生烦恼、渐生愚钝。从某种意义上说，它正是我们烦恼和无能的来源。

“行动”如躯体，“感受”如灵魂

为了看清这一点，我们可以试着分解注意力。回顾任何一件事，我们的注意力其实都可以分为**“集中在行动上的”**和**“集中在感受上的”**两部分，比如：

- 跑步时，跑是行动，剩下的是感受；
- 吃饭时，吃是行动，剩下的是感受；
- 睡觉时，睡是行动，剩下的是感受……

起初，行动和感受二者是统一的。

我们会在做一件事情时全身心地感受这件事情，将注意力全部放在与当前事物相关的事情上，所以跑就是跑，吃就是吃，睡就是睡……我们刚开始学习某项技能，或还只是孩童的时候通常都是这样的，那时的我们善于投入，敏于接受，平和无忧，灵性十足。

随着行动越来越熟练，我们在行动上集中的注意力越来越少，分散在其他地方的注意力越来越多，于是我们不再去耐心感受行动。从此，分心代替专注，身心开始分离（见图 4-1）。

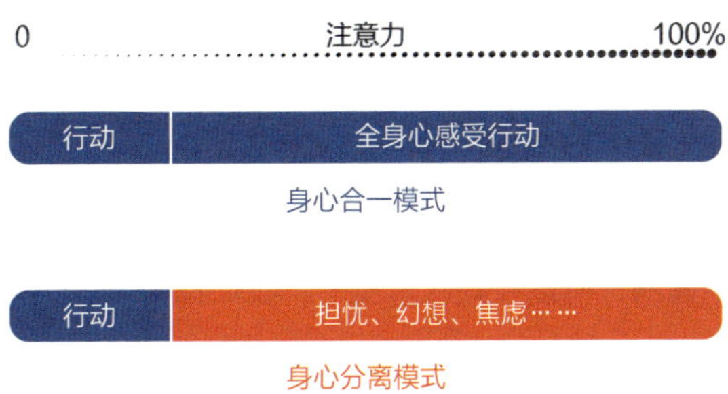

图 4-1　身心合一与身心分离

缺少感受的行动，就像失去灵魂的躯壳；缺少感受的人对任何事都心不在焉、视而不见、听而不闻。更准确地说，我们在躯壳内装了一个混乱的灵魂，这个灵魂总是“做 A 想 B”：刷牙的时候走神，走路的时候走神，洗澡的时候走神……无时无刻不在走神。

走神时，行动失去了感知，注意力也因为缺少了感受而无法形成反馈闭环，因此身体和动作开始不自觉地变得麻木或走形。不信的话，你现在就可以感受一下：走神时是不是身体有一部分始终是僵硬的，神情有一部分始终是紧绷的？

不过就身心分离模式来说，身体上的影响实属小事，真正严重的是它会对我们的情绪状态和能力提升产生持续的负面影响。

分心走神的原因与危害

分心走神的原因无非两个：**一是觉得当下太无聊，所以追求更有意思的事情；二是觉得当下太痛苦，于是追求更舒适的事情**。因为身体受困于现实，只好让思想天马行空。

无论我们身在何处、经历着什么，只要现实中稍不如意，我们就可以让思绪上天入地，瞬间逃离困境，享受想象中的舒适和快感。换句话说，就是分心走神的成本太低，而人的天性又是急于求成和避难趋易的，所以在默认情况下，我们都会不自觉地待在精神舒适区内。

可惜“走神一时爽”，事后我们就得承担走神带来的各种损失，其中最大的损失莫过于生命质量变差。因为走神时，我们要么沉浸过去，要么担忧将来，要么幻想不可能实现的情况，走神可以让我们活在任何时候，唯独不能让我们活在当下。

而生命是由当下的一个个片段组成的，身心合一的片段组成的就是幸福专注的高质量人生，身心分离的片段组成的就是分心走神的低质量人生。分心走神还会造成拖延和低效，因为这种状态下的情绪总是滞后于行为，所以人们做事时进入状态往往很慢，需要情绪过渡。

可见，分心走神的背后是逃避。所以，面对困难时，身心分离的人总会不自觉地退回舒适区，而身心合一的人则更容易跳出舒适区，直面困难。

从长远看，一个人专注力的高低可能预示了他今后成就的大小。比尔·盖茨与沃伦·巴菲特第一次相识的时候，盖茨的父亲就分别给他们一人一张卡片，让他们在上面各写一个词，描述究竟是什么成就了自己。结果两个人的答案竟然一模一样，都是“专注”。

当然，我们也无须为自己的分心走神过于自责，因为从微观来看，分心走神原本就是我们的天性之一。不仅是你，所有人都一样。这背后的原因与我们大脑的记忆机制有关。

论记忆能力，人类肯定比不上计算机，无论在容量上还是在精确度上，我们都不具优势，但这并不影响我们提取记忆的速度，因为人类的大脑使用**背景关联记忆**的方法，即借助事情的背景或线索等提示信息来让我们想起特定内容，比如我们只根据名字、声音、时间或场景等任意要素就能瞬间想起某人、某事，而计算机则会平等地处理所有信息，每次提取信息都要从数据库中挨个搜索一遍。背景关联记忆的方式可以极大地降低大脑能耗，弥补大脑神经元处理速度的不足。

然而进化是把双刃剑，背景关联记忆的一个副作用就是：我们感观所听到、看到、摸到、尝到、嗅到的任何信息，都会引出一些其他记忆内容，又因为感观受潜意识控制，而潜意识永不消失，所以只要我们醒着，这种分心走神随时都可能发生。这也是我们需要锻炼元认知的原因，因为成长就是克服天性的过程，我们必须用觉知力和自控力去约束天性，否则就会被潜意识左右而不自知。

收回感受，回归当下

如果一个人从小就养成了全情投入和界限清晰的专注习惯，那他不仅能获得智力上的聪慧，也能获得情绪上的平和。经过长期的强化，他就能与普通人形成巨大差距，毕竟绝大多数人意识不到注意力分为行动和感受两个部分。如果我们能早点知道这个原理并主动运用、修正，或许命运轨迹和生活质量都会有所不同。不过现在知道也为时不晚，因为只要一招即可扭转局面：**让感受回归行动。**

跑步时，把感受收回来，悉心体会抬腿摆臂、呼吸吐纳和迎面的微风；睡觉时，把感受收回来，悉心感受身体的紧张与松弛；吃饭时，把感受收回来，感受每一口饭菜的香甜，体会味觉从有到无的整个过程，不要第一口还没吃完就急着往嘴里塞第二口饭菜。

身体感受永远是进入当下状态的最好媒介，而感受事物消失的过程更是一种很好的专注力训练。它提示我们，**身心合一的要领不仅是专注于当下，更是享受当下**，而这种享受必将使我们更从容，不慌张。

慢慢练习收回感受，让注意力回到当下，我们的烦恼就会慢慢减少，精力就会更加旺盛，情绪就会更加平和，身体就会更加柔软，感知就会更加灵敏，思考就会更加深入……这个习惯涉及生活的方方面面，改变它就相当于改变了自己的底层行为模式，其力量不可小觑。

最后再讲一个故事，你可能早就听过，不过有了今天的思考，相信你能很快明白其中的深意。

一位行者问老和尚："您得道前在做什么？"

老和尚说："砍柴、担水、做饭。"

行者问："那得道后呢？"

老和尚说："砍柴、担水、做饭。"

行者又问："那何谓得道？"

老和尚说："得道前，砍柴时惦记着挑水，挑水时惦记着做饭；得道后，砍柴即砍柴，担水即担水，做饭即做饭。"

第二节

学习专注：深度沉浸是进化双刃剑的安全剑柄

200 万年前，人类与黑猩猩、大猩猩还属于同一物种，此后，人类开始脱离猩猩族群，疯狂地向智人进化。进化赋予人类高度发达的神经系统，使我们拥有了极强的感知和思考能力，并借此创建了文明。

然而进化是一把双刃剑，它给人类带来能力的同时也带来了痛苦。人们因能感知太多信息而感到心神不宁，或因产生过多欲望而痛苦不堪，又或因担忧能力不足而滋生焦虑，无论顺境或是逆境都不得安生。就像今天的我们，虽衣食无忧，却总是苦于无法摆脱手机的干扰，无法获取让人羡慕的技能，无法拥有想要的生活，等等。低层次的动物是没有这种烦恼的，它们的心灵只容纳环境中确实存在的、与它们切身相关的、靠直觉判断的信息——饥饿的狮子只注意能帮助它猎到羚羊的信息，吃饱的狮子的注意力则集中在温暖的阳光上……

如此看来，享受进化的好处也要承受进化带来的痛苦。不过也无须担心，因为部分智者早已有意无意地跳出了这种限制，他们采用一种极为有效的行为模式，让自己的情绪和能力经常处于平和与高效的状态。如果进化是一把双刃剑，那这些人就相当于找到并抓住了双刃剑的安全剑柄。当众人还在懵懂中拿着刀刃劈物伤己时，他们已经学会手握剑柄披荆斩棘了。

人类情绪和能力优劣的根本差异

为了更好地理解，我们还是先从“主动选择信息的能力”开始谈起吧，因为人类情绪和能力的优劣差异来自对自身注意力关注方式的差异。比如冥想者相比其他注意力不集中的人，更能够主动将注意力集中在自己的呼吸和感受上，屏蔽其他杂念。

在情绪上如此，在能力上也如此。能力弱者极易分心，他们必须在一个理想的环境中才能学习，任何风吹草动都会让他们心神不宁；他们总是忍不住想做点更有趣的事情，一条热点新闻、一段有趣的闲聊都能把他们的注意力从重要的事情上移开。能力强者则正好相反，他们的优势就在于能够主动屏蔽干扰，选择需要的信息并沉浸其中，为此他们甚至会主动练习，比如有人会故意在声音嘈杂的地方锻炼专注力，这使其拥有了随时随地进入深度阅读和思考状态的能力。

因沉浸能力的不同，人类最终处在了不同的层次。从大范围看，沉浸能力强的人时常处于支配层，沉浸能力弱的人时常处于被支配层。如果我们希望从人群中脱颖而出，就一定要刻意磨炼这种品质，或许这正是改变你我命运的金钥匙。

深度沉浸的方法

在上文中，我介绍了“主动选择信息”和“深度沉浸”两个概念，但前者只是入口，后者才是关键。因为能主动选择信息的人不一定能沉浸其中，所以很多人虽然能放下手机、拿起书本，能放弃娱乐、磨炼技能，甚至能大量练习，努力到感动自己，但他们就是无法让自己变得卓越。这感觉就像是明明找到了双刃剑的安全剑柄，却不知道如何抓取，让人无比揪心。

这世上能聚焦的人很多，但卓越的人很少，其原因之一就是大多数人都缺乏深度沉浸的能力。然而获取深度沉浸的能力不能仅靠热情，它更是一项技术，是有方法论的。可惜很多成就斐然的前辈虽然拥有深度沉浸的能力，却很少有人能说清楚这能力到底是什么、应该怎么获取。幸运的是，《刻意练习》这本书给了我们大致的答案。

心理学家安德斯·艾利克森和科学家罗伯特·普尔经过大量的研究后指出：所谓天才，其实并不神秘，其本质是“正确的方法”加上“大量的练习”。换言之，我们没有变得像天才般卓越是因为方法不对或练习不够。

就方法而言，绝大多数人缺乏指导下的努力都属于“天真的练习”，即反复做某件事情，并指望只靠那种反复改善表现、提高水平。这种只靠重复的“埋头干”与“正确的方法”相去甚远。“正确的方法”通常具有以下四个特征。

第一，有定义明确的目标。比如你要练琴，那就告诉自己：“连续三次不犯任何错误、以适当的速度弹奏完曲子。”而不是“我要练琴半小时”这样宽泛的目标。目标定义越明确，注意力的感知精度就会越高，精力越集中，技能越精进。如果目标太大，那就将它分解成小目标，这样做也是为了使目标更具体、精细。

第二，练习时极度专注。谁都知道专注的重要性，但沉浸的关键是要做到“极度”专注，也就是说，在短时间内投入100%的精力比长时间投入70%的精力好，因为专注的真正动力并不是毅力和耐心，而是不断发现技巧上的微妙差异和持续存在的关注点，精力越集中则感知越细微。

极度专注不仅是学习的关键，也是灵感的来源。如图4-2所示，作者芭芭拉·奥克利曾在《学习之道》这本书中这样介绍：大脑在学习的时候有两种模式，一种是“意识”的专注模式，另一种是

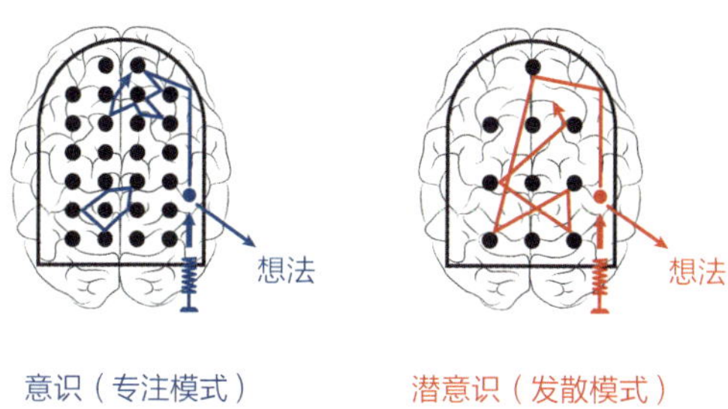

图4-2 意识和潜意识的工作模式

“潜意识”的发散模式。

所谓专注模式，就是当我们专注于某件事的时候，大脑的前额叶皮层就会自动沿着神经通路传递信号，这些信息会奔向与我们的思考内容相关的各个脑区，将它们连起来。在这种模式下，我们可能找到答案，也可能找不到答案，因为真正的答案不一定在我们意识关注的脑区。此时就需要潜意识的发散模式来帮助我们，它能够让大脑跳出原来的工作区域，让神经元随机地与不相关的区域进行连接，从而得到也许能解决问题的答案。

不过，想让潜意识工作必须满足一个条件，就是彻底关闭清醒的“意识”，即彻底忘掉原来那件事。因为两种模式的区别就好比手电筒里打出来的光：专注模式下光束紧密，穿透力强，径直打在一小块区域上；如果拨到发散模式，光柱就会散开，虽然光的强度会降低，但照亮的范围更广。要注意的是，一个手电筒不能同时照出两种光。

所以，变聪明的秘诀就是：先保持极度专注，想不出答案时再将注意力转换到另一件与此毫不相干的事情上。即事前聚精会神，让意识极度投入；事后完全忘记，让意识彻底撒手。这样，灵感和答案就会大概率地出现。

阿基米德就是因为绞尽脑汁也没有想出鉴定皇冠真假的办法，所以准备去公共浴室彻底放松一下；但在他的身体进入澡盆的那一瞬间，溢出的水就给他带来了灵感。很多例子都表明，科学发现或其他智力上的突破都是在当事人毫无期待、正在想别的事情的时候出现的。

可见，好的学习模式是，在做 A 的时候彻底关注 A，在做 B 的时候彻底关注 B，A 和 B 两件事情之间有非常清晰的界线。如果在做 A 的时候想着 B，在做 B 的时候又想着 A，那么意识工作的深度不够，潜意识也无法顺利开启，这种边界不清的习惯对能力提升伤害很大。李大钊也说过："要学就学个踏实，要玩就玩个痛快！"说明界线分明的习惯对人的性情和能力的培养都很有好处。

第三，能获得有效的反馈。一般而言，不论做什么事情我们都需要反馈来准确识别自己在哪些方面还存在不足，以及为什么会存在不足。缺少反馈，我们既容易出错，又容易走神，而且很难快速提升个人能力。因此，有教练指导是极好的事，有老师批评也是好的，闭门造车式的练习不仅容易让人分心走神，也会让自己长期在低水平层面徘徊。所以，想方设法得到及时、有效的指导和反馈是不断精进的重要条件。如果条件有限，反馈也可以通过书籍影像、与他人交流或者自我反思来获取。

第四，始终在拉伸区练习。一味重复已经掌握的事情是没有意义的，但挑战太难的任务也会让自己感到挫败，二者都无法使人进入沉浸状态，好的状态应该介于二者之间。

著名心理学家米哈里·契克森米哈赖在《心流》一书中提出这样一个模型（见图 4-3）：当人们对当前的活动感到厌倦时，说明应该提高难度；当人们对当前的活动感到焦虑时，说明应该保持这个水平专注练习，如此反复交替就可以让自己进入心流通道，沉浸其中。

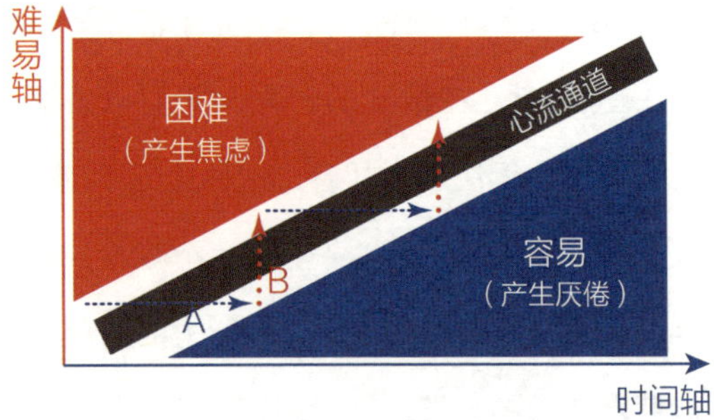

图 4-3　心流通道

我们每个人都必定有过这样的经历：因喜欢一件事而沉醉其中，忘记时间，不知疲倦，不管这件事是娱乐消遣还是学习研究，这种沉浸都是可遇不可求的自发状态。但若想在某方面有所成就，就不能依赖这种不稳定的自发状态，必须建立稳固可靠的行为模式。因为我们面对的不仅仅是兴趣，还有让人心生畏惧的核心困难。

也就是说，我们每天都要做那些让自己感到有些困难但又可以通过努力来完成的事情，即跳出舒适区，避开困难区，处在拉伸区。

好在我们可以依据上述四点建立主动沉浸的行为模式（见图 4-4)，时常练习则能将其固化为深度沉浸的底层能力，从而辐射生活的方方面面。

学完刻意练习这个理论的当天，我就开始了实践。

以前女儿练钢琴时，她妈妈会要求她把新学的曲子弹 10 遍，只要次数够了，任务就完成了。现在我用刻意练习的原则改变了练琴方法。

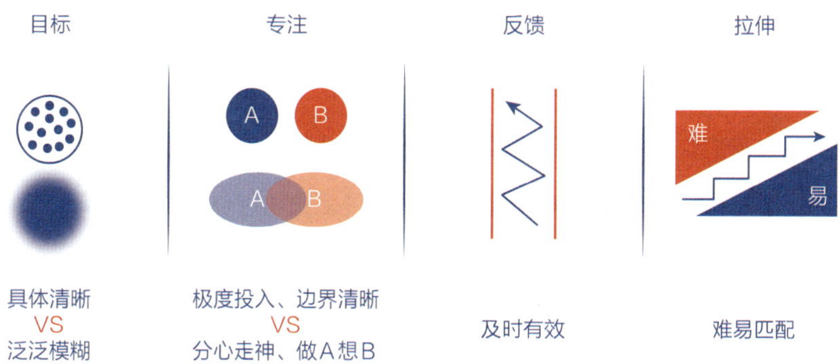

图 4-4　刻意练习四要素

我先听她弹一遍，发现有很多不熟练、易出错的地方，于是我要求她今天只练第一节，后面的先不练（把大目标拆分成小目标），然后只练刚才弹错的地方（在拉伸区练习），只要能连续流畅地弹 3 遍不出错就算完成任务（目标具体清晰）。在练习过程中，我会及时纠正她的指法和按键错误（及时有效的反馈），这样，她很快进入了专注状态（沉浸其中），不一会儿就把第一节弹得很好了。

虽然结束时女儿直呼好累，但明显成就感满满，因为她已经不畏惧最难的地方了。如果不这样要求，她就会一遍一遍地弹自己熟悉的地方，难的地方就一带而过，中途还经常会漫不经心地停下来，这样的练习非常低效。

细心体会上述四个要素，我们就可以进入深度沉浸状态，从“聚焦”走向“卓越”。当然，要做到真正的卓越离不开另一个要素：大量的练习。

这种大量练习需要达到什么程度呢？小钢琴家陈安可或许可以为我们提供一个参考答案。她三岁半开始练琴，一年半后就上节目演奏 8 级难度的钢琴曲。在一次节目采访中，她坦言自己每天要练 4 小时琴，而在更早的采访中她就说：“我每天都练，没有一天不练。”

可见，天才也需要大量的练习，或者说正是“正确的方法”加“大量的练习”造就了天才。无论是谁，在拥有深度沉浸的能力后，就一定能走向某一领域的高处。

所以，从现在开始，好好地审视自己吧。

- 审视自己的注意力——是被动吸引还是主动选择？
- 审视自己的沉浸度——是分心走神还是极度专注？
- 审视自己的练习量——是浅尝辄止还是大量投入？

前人的智慧足以使我们走向卓越，只要用心拾取，我们一定能在进化的大潮中成就自己，造福他人。

第五章

学习力

——学习不是一味努力

第一节
匹配：舒适区边缘，适用于万物的方法论

我在前一章描述的深度沉浸其实并非刻意练习的真正核心，其真正核心在于难易匹配上。

“匹配”这个关键词很可能被大众忽略了，但稍加研究我们就会发现，只要掌握了匹配原则，我们就可以掌握一个适用于万物的方法论。这么说还真不是夸张，因为匹配原则的适用范围实在太广了。

好的成长是始终游走在“舒适区边缘”

就在我写这部分内容的时候，碰巧读者“Amy 曹”跟我分享了她的几点体会，我一看内容就会心地笑了，因为她的体会正好印证了“匹配”这个关键词，所以我们不妨从她的故事开始。

第一件事说的是跑步，她说：“之前我要求自己每天跑步 1 小时，靠意志力，我坚持了蛮长一段时间，但是最后还是中断了。最近我调整了跑步的时间，改为每次 30 分钟，最好不要少于一周 4

次。调整以后发现，我可以不用太靠意志力去做这件事，而且会主动想办法坚持，并且跑完后会很放松，不像之前那样连续跑1小时会很累、很难受。我真的能感觉到现在这种‘主动做’和原先那种‘靠意志力做’完全不一样。”

第二件事说的是学英语，她说：“原来每天学习1小时我会烦躁，但现在改为每天学习30分钟，时间一到就不学了。这样，我反而可以坚持每天学，不厌倦。”

最后她总结道：“找一个自己能坚持做下去的方式，比单纯按照标准化的时间和方式做更重要。以前一直以为多花时间才能学好、才能达到效果，其实那是因为自己急于求成，想要快速见效，这样反而不容易坚持。现在降低了难度和标准，自己的行动力反而能持续增强，虽然达到目标所需的时间可能会变长，但是我相信这样的坚持最终可以产生复利效应。”

不知道你看了“Amy曹”的故事后有何感想？在我看来，她最可贵的地方在于能够主动降低学习的强度和难度，使自己处在最佳承受范围，既保留了学习的成就感，也保证了学习的挑战性。

但是对大多数人来说，这种做法是反直觉的，因为我们想要做成一件事的时候，通常都会告诉自己要很努力、很拼，会给自己设定一个很高的标准，还会经常给自己“打鸡血”，告诉自己坚持就是胜利。这是我们默认的思考模式，只是默认的不代表就是科学的。那么科学的模式是什么呢？

回忆图1-4的内容，它告诉我们，最佳的学习区域在拉伸区内、舒适区边缘，在这个区域，我们既有成就又有挑战，进步最快。事实上，它就是难易匹配的意思：既不要太难，也不要太容易，难易适中的地带才是学习的心流通道。

“Amy 曹”一开始就处在困难区。由于想快速看到改变，她制订了远超自身水平的学习、训练计划，结果因体验太痛苦而中途放弃，这非常像我们常见的激励模式。很多缺少经历的年轻人都是这样的，总想同时实现太多、太大的目标，还希望在很短的时间内实现，于是不自觉地把自己推到了困难区内。他们总是兴冲冲地开始，热火朝天地做上几天，然后很快就没劲了——做事情半途而废就是这个原因。

当然，匹配原则不只适用于学习这一领域，在我能观察到的任何领域，几乎都遵循这个规律。

比如健身，我们每次推举受力的时候其实都是肌肉撕裂的过程，这种轻微的撕裂会让人产生酸痛感但不会造成伤害，经过休息和营养补充，肌肉就会开始修复，修复过后会变得更强壮，所以每次教练让我们再坚持一下，做到力竭，就是在逼迫我们走出肌肉的舒适区到拉伸区。

其他运动也是如此，比如很多人都想通过跑步来减肥，但有的人很刻苦，上来就猛冲，以为那种痛苦感就是努力的表现，其实不然。专业教练给出的方法看上去更像是一种偷懒的做法。比如教练会建议你先慢跑，到稍微气喘的时候就改为快走，等气匀了再改为慢跑，如此反复，运动半个小时。因为就减肥而言，有氧运动前 20 分钟消耗的主要是身体里的糖，30 分钟之后消耗脂肪的比例才会有较大幅度的上升。所以我们只需每次到舒适区的边缘坚持一下，然后回到舒适区停留一下，调整好了再到舒适区边缘……如此反复。在接下来的 10~15 分钟，如果体力允许，就尽量快跑，或者强度至少比前 30 分钟再大一点，以便消耗更多的脂肪，因为此时身体已经适应了一定的强度，可以离舒适区边缘再远一些。

再说阅读。很多人喜欢向能人索要书单，认为能人们推荐的书肯定很好。他们按照书单兴冲冲地买一大堆回家，读的时候才发现那些书根本没有人们说的那么好，有些书晦涩、难懂、根本读不下去，没过几天，他们的兴趣就消失了。这是因为每个人的知识背景不同，同样一本书，能人们读起来可能刚好在拉伸区，但我们读起来则在困难区。所以，这个时候，不妨先把这本书放一放，去看那些自己感兴趣、又刚好能读懂的书，让兴趣、难度、需求同时匹配到舒适区边缘，这样的书肯定会让你读得津津有味。

再说说学习。成绩不好的同学想要奋起直追，想到的第一件事往往是努力比拼，于是他们也和成绩好的同学一样去做那些比较难的题目，结果人家学得挺轻松，自己却学得很痛苦，差距越拉越大。因为学习同样的内容，成绩好的同学可能刚好在拉伸区，但自己可能在困难区。此时，正确的做法应该是先沉住气，主动降低学习难度。

知道了这个原理以后，我们就应该花大量的时间去梳理哪些内容处在自己的拉伸区，即梳理那些**“会做但特别容易错或不会做但稍微努力就能懂”**的内容，然后在这个区域内努力。如果你已经为人父母，那就应该花大量的时间探寻孩子的拉伸区，然后指导他们在舒适区的边缘努力，而不是看到孩子考不好就一味冲着他们发脾气，说别人家的孩子如何如何，对标优等生，给孩子加学习量、加难度，这样做往往会适得其反。

另外，很多人说自己学习时经常分心走神、不够专注，其实原因也是一样的，因为他们可能并没有刻意关注自己学习内容的难易程度、调整学习的快慢节奏。我的朋友宋鼎华是一名高级工程师，平日里大家都叫他“宋兄”。他的孩子正在读高中，学习成绩始终名列前茅。可贵的是孩子从来不上课外兴趣班，学习之余还有不少玩游戏的时间，是名副其实的“学霸”。在一次聚会中，我正好与宋兄是邻座，于是试探地问：“你在孩子的学习上有没有采取什么特别的方法？”没想到他干脆地说：“有的！”我竖起耳朵继续听，他说：“就两条，一是像对待考试一样对待家庭作业；二是有问题只找主观原因。”

我听后有些发懵，心想：这就是所谓学霸的秘密吗？尤其是第一条，我竟然抓不到要领。后来才明白，“像对待考试一样对待家庭作业”就是让孩子保持合适的学习节奏。因为大多数孩子在家里写作业的时候都会因缺少限制而漫不经心，一会儿上厕所，一会儿喝水，遇到不会的就卡在原地发呆或马上求助，这种状态看起来像一直在学习，实际上是在舒适区内磨洋工，不仅效率低，还特别容易出错。而要求像考试一样，他们就必须逼迫自己集中注意力，在最短的时间内做最多的题，并且还要做正确，于是他们不自觉地把自己推到了舒适区的边缘。在这种状态下，孩子必然会极度专注，学习效率和成绩自然会提升。

距离太远的，我们都把握不住

面对上述需要努力的事情，我们需要游走在舒适区边缘，那么，面对那些不需要努力，甚至是令人享受的事物时，我们又该如何呢？比如突然有了大量的时间和金钱。我想很多人肯定希望时间和金钱越多越好，不过我劝你一定要谨慎，因为**距离我们太远的事物，我们通常无法把握，无论它们是令人痛苦的还是令人享受的**。

2019 年暑假，一位年轻的老师在向我提问的时候说："别人羡慕我有寒暑假，但我一点也不喜欢，因为自己根本没有能力掌控这些大量的空余时间。不仅计划一个没实现，连作息时间也乱作一团。可以说，我对假期简直一点控制力都没有。"

很多学生也经常给我留言，说上了大学之后，一下子没有了高三时的那种紧张感，虽然刚开学的时候还算自律，但很快就开始变得懒散，宅在寝室里打游戏、刷抖音，无法专心学习，尤其是独处、时间由自己支配的时候，总是不自觉地选择最舒适的娱乐活动。这其实就是自由时间超出了自己的掌控——他们失控了。

千万不要认为没有管束的生活很美好，一旦进入完全自由的时间，虽然开始会很舒服，但很快，我们就会迷失在众多选项中——做这个也行，做那个也行。**然而做选择是一件极为耗能的事情**，如果没有与之匹配的清醒和定力，绝大多数人最终都会被强大的天性支配，去选择娱乐消遣。在有约束的环境下我们反而效率更高，生活更充实。

至于突然获得巨额财富这种事，估计大多数人都很难有这样的运气，不过我们可以看看别人的经历。2002 年，英国男子卡罗尔中了 970 万英镑奖金，一夜之间从垃圾工成了超级富翁，然后他开始买豪宅、买名车、吸毒、赌博，7 年后，其财富被挥霍一空，妻子离他而去，他不得不重做苦力，靠救济金生活；2006 年，英国女子温迪·格雷厄姆中了 100 万英镑奖金，结果奖金在一年内被花光，该女子沦为穷光蛋。据统计，在美国，每年彩票中奖者的破产率高达 75%。以此为戒，我们一定要保持清醒，认真审视自己控制欲望的能力，不要让悲剧发生。

理想的状态是持续获取与自己当前能力相匹配的财富或自由。这一点，做父母的应该有所启示：我们要关注孩子当前对自由、财富的掌控程度，在适当的时候适当放权或鼓励，这样的父母才是真正明智的。那些溺爱孩子的父母，往往在孩子很小的时候就给他们很大的决策权，让他们自己决定吃什么、玩什么、做什么，但孩子根本没有相应的掌控能力，最后变成了自以为是、自私自利的人，造成这些后果的原因正是我们缺少对匹配这个概念的认识。

人们常说底层概念、底层规律，那到底什么是底层呢？在我眼中，**能解释的现象越多，这个概念就越底层**。所以你掌握了匹配原则之后，就可以自己解释其他事情了，比如有人问你："练习写作是日更好还是周更好？"你可以这样回答："不管采用哪种方式，关键是你有没有让自己处在舒适区的边缘进行练习。如果输出的东西都是在舒适区随便写写的，那写再多也没用。"这样的回答既能给出开放的答案，又能抓住问题的本质。

从这个底层概念中我们可以得到这样一个结论：不管做什么，不管当前做得怎么样，只要让自己处在舒适区的边缘持续练习，你的舒适区就会不断扩大，拉伸区也就会不断扩展，原先的困难区也会慢慢变成拉伸区，甚至是舒适区，**所以成长是必然的**。

同时，我们也可以肯定：**速成是不可能的**。因为能力圈只能一点一点扩大，所以只要我们遵循匹配规律，不断在舒适区边缘拓展自己，同时愿意和时间做朋友，那么我们注定可以持续成长，重塑自己。

一切为了匹配

刻意练习的四要素看上去各自独立，实际上环环相扣、互连互通，而且它们最终都指向匹配。

先说第一个要素“目标”，它能帮我们解决行动力中的大问题。比如，我们每次行动遇阻时都会一筹莫展，但只要细想就能发现，不管你遇到的是什么问题，其根源都是一样的，那就是：**这个问题太大、太模糊。**

所以，你只要**拆解目标——**把大目标拆分为小目标，任务就会立即从困难区转移到拉伸区，这样你就愿意行动了。不信的话，你可以细心观察一下，**几乎所有的行动达人都是拆解任务的高手。**

掌握了这个原理，我们就能推导出从舒适区到拉伸区的策略：**提炼目标。**在舒适区内行动最大的特点就是不动脑筋地重复，这种状态下，人们凭习惯和感觉做事，没有特别需要关注的东西，所以学习的时候分心走神，跑步的时候分心走神，睡觉的时候也分心走神，这样，做什么事都不会有太大的长进。

在拉伸区练习的一大特点就是要有关注点。关注点越多、越细致，我们的注意力就越集中，提升的效果就越明显，因此，跳出舒适区的最好办法就是去发现和收集那些要点，也就是每次行动的小目标。比如练习弹钢琴的时候，不是一遍一遍地重复，而是只练出错最多的地方；比如背单词的时候，不是一遍一遍地重复，而是看完之后合上书进行自我测试，把出错的单词找出来，然后不停地重复记这些出错的单词，直到全部掌握。

目标清晰了之后，“极度专注”也自然能做到了，然后通过自我测试、反思、错题本这些方式获得反馈，这样做能不断优化自己关注的要点和小目标。

可见，学习不只是一味地努力，成长也不只需要“打鸡血”、拼意志力。只要站在舒适区边缘，一点一点往外走，同时和时间做朋友，你肯定会在不经意间发生蜕变。

第二节
深度：深度学习，人生为数不多的好出路

胡适的英语老师、出版家王云五先生是这样自学英语写作的：找一篇英文的名家佳作，熟读几次以后，把它翻译成中文；一星期之后，再将中文反过来翻译成英文，翻译期间绝不查阅英语原文；翻译好后再与原文比对，找出自己翻译的错误、失误和不够精良之处。

如此反复练习，王云五先生积累了扎实的英文功底，为日后从事英语教学和出版事业打下了坚实的基础。在那个科技、信息远不如今天发达的年代，有限的学习条件迫使人们静下心来深度学习。

时间拨到数十年之后，我们的社会发生了巨变，人类进入了前所未有的物质和信息丰富时代。时至今日，恐怕很少有人能像王云五先生这样主动静下心来深度学习了，甚至有很多人认为，现今，学习已经不必如此费劲、艰辛，人们有太多方式可以让自己轻松地获取知识，比如每天听一本书、参加名人的线上课、订阅名家专栏或参加某某学习社群，等等，轻松高效，干货满满，只要自己持之以恒，就肯定能有所成就。

可惜这只是一种错觉。科技和信息虽然在我们这一代发生了巨大的发展，但人类的学习机制并未随之快速变化，我们大脑的运作模式几乎和几百年前一样。更坏的消息是，丰富的信息和多元的方式带来便捷的同时，也深深地损耗着人们深度学习的能力，并且这种倾向越来越明显。

种种迹象表明，快速、简便、轻松的方式使人们避难趋易、急于求成的天性得到了放大，理智脑的潜能受到了抑制，而深度学习的能力几乎全部依赖高级理智脑的支撑。

我隐约看到：一小部分知识精英依旧直面核心困难，努力地进行深度钻研，生产内容；而大多数信息受众始终在享受轻度学习，消费内容。如果我们真的希望在时代潮流中占据一席之地，那就应该尽早抛弃轻松学习的幻想，锤炼深度学习能力，逆流而上，成为稀缺人才，否则人生之路势必会越走越窄。

何为深度学习

1946 年，美国学者埃德加·戴尔提出了“学习金字塔”理论。之后，美国缅因州国家训练实验室也通过实验发布了“学习金字塔”报告，报告称：人的学习分为被动学习和主动学习两个层次（见图 5-1）。

被动学习：如听讲、阅读、视听、演示，这些活动对学习内容的平均留存率为 5%、10%、20% 和 30%。

主动学习：如通过讨论、实践、教授给他人，将被动学习的内容留存率提升到 50%、75% 和 90%[①]。

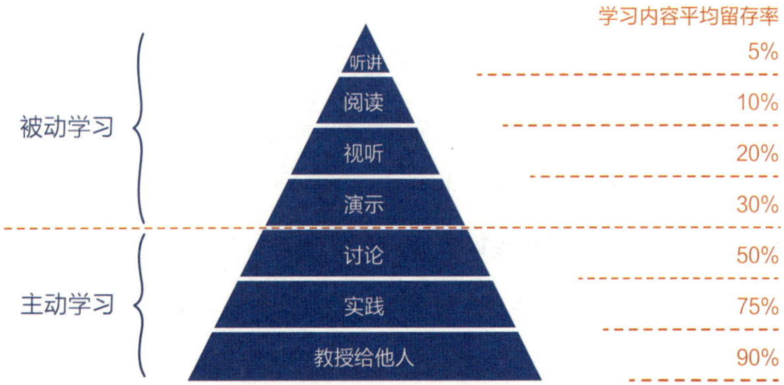

图 5-1　学习金字塔

这个模型很好地展示了不同学习深度和层次之间的对比。反观自身的学习，我们同样可以清晰地划分出不同的层次。如图 5-2 所示，以阅读为例，从浅到深依次为：听书、自己读书、自己读书 + 摘抄金句、自己读书 + 思维导图 / 读书笔记、自己读书 + 践行操练、自己读书 + 践行操练 + 输出教授。

当前有很多听书产品，读书达人用十几分钟解读一本书，假设我们一天听一本，一年就能听 300 多本，这种便捷新颖、浓缩干货的学习方式看似轻松高效，实则处于被动学习的最浅层。

---

① 业界对该理论数据的准确性存疑，但该理论模型对于我们理解学习规律仍然很有参考价值。

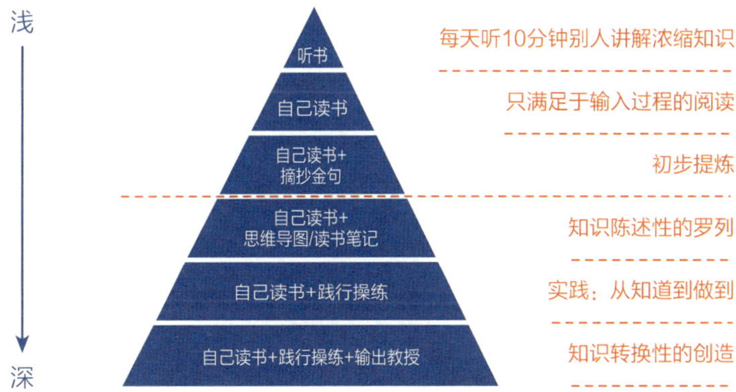

图 5-2　阅读金字塔

好一点的情况是读原书，但若是读完从不回顾、思考，只满足于输入的过程，这类学习的知识留存率很低。几天之后就想不起自己读了什么。更糟的是，这种努力会让人盲目追求阅读的速度和数量，让人产生勤奋的感觉，实际上，这是低水平的勤奋，投入越多损失越大。

还有一类人的数量也不少。这类人能够自己阅读，也做读书笔记或思维导图，但遗憾的是，他们的读书笔记往往只是把书中的内容梳理罗列了一番，看起来更像是一个大纲。很多人醉心于此，似乎对全书的知识了然于胸，殊不知，自己只是做了简单的搬运工作而已。虽然这种做法在一定程度上属于主动学习，但它仅仅是简单的**知识陈述**，与高级别的**知识转换**有很大的不同。

更深一层的是，读完书能去实践书中的道理，哪怕有那么一两点内容**让生活发生了改变**，也是很了不起的，因为从这一刻开始，书本中的知识得到了转化。

从知道到做到是一种巨大的进步，然而自己知道或做到是一回事，让别人知道或做到又是另外一回事。不信你可以试着将自己知道的东西向别人清晰地陈述，你会发现这并不容易。明明心里想得挺明白，讲的时候就开始语无伦次了，如果再让你把知道的东西写下来呢？你可能会觉得根本无从下笔。

请注意，遇到这种困难才是深度学习真正的开始！因为你**必须动用已有的知识去解释新知识**，当你能够把新学的知识解释清楚时，就意味着把它纳入了自己的知识体系，同时达到了可以教授他人的水平，并可能创造新的知识。

“得到”App创始人罗振宇曾提到他是这样学习的：*“我每天要求自己写够五篇阅读心得，不用长篇大论，短短几个词就行。因为真正的学习就像是缝扣子，把新知识缝接到原有的知识结构中，每天写五篇阅读心得就是逼迫自己原来的知识结构对新知识做出反应，然后把这些反应用文字固化下来，缝接的过程就完成了。”*

可见“缝接”是深度学习的关键，而大多数人只完成了“获取知识”，却忽略了“缝接知识”这一步，因此，他们的学习过程是不完整的。有些人做了一定的缝接，但缝接得不够深入，没有高质量的产出，也使学习深度大打折扣。

浅层学习满足输入，深度学习注重输出。从想法到语言再到文字，即将网状的思维变成树状的结构再变成线性的文字，相当于把思想从气态变成液态再变成固态——那些固态的东西才真正属于自己。毕竟任何知识都不可避免地会损耗，并且这种损耗一直存在，如果不想办法把自己学到的东西固定下来，时间一长，这些知识就会烟消云散，留不下多少痕迹。

有了自己的东西，便一定要教授出去，教授和缝接会相互巩固，形成循环。《暗时间》的作者刘未鹏说："教"是最好的"学"，如果一件事情你不能讲清楚，十有八九你还没有完全理解。当然，教的最高境界是用最简洁的话让一个外行人明白你讲的东西。

所以，逼迫自己获取高质量的知识以及深度缝接新知识，再用自己的语言或文字教授他人，是为深度学习之道。

如何深度学习

深度学习有以下 3 个步骤：

（1）获取高质量的知识；

（2）深度缝接新知识；

（3）输出成果去教授。

这样的学习必然要放弃快学、多学带来的安全感，要耗费更多的时间，面临更难的处境，甚至还会"备受煎熬"。但请一定相信：正确的行动往往是反天性的，让你觉得舒服和容易的事往往得不到好结果，而一开始你认为难受和困难的事才能让你真正产生收获，所以我们可以通过以下几个方法逐步改进。

一是尽可能获取并亲自钻研一手知识。比如，我们可以读经典、读原著，甚至读学术论文。经典的一手知识已经经过时间的沉淀，其价值已被证明，值得精耕细读。我们要放弃那些“几分钟读完……”“每天一本……”“十堂……课”的干货幻想，虽然这些方法也能带来一些启示，但终究是支离破碎、被人咀嚼过的。亲自钻研虽然更艰辛，但能感受到深度理解产生的真正快感，这比吸收浅薄的二手知识不知道要舒服多少倍。读书这件事最好不要请人代劳，从长远看，终归是要自己获得挖矿的能力的。

二是尽可能用自己的话把所学的知识写出来。每读完一本有价值的好书，就用写作的方式把作者的思想用自己的语言重构出来，尽力结合自身经历、学识、立场，去解释、去延伸，而不是简单地把书本的要点进行罗列。因为简单的知识陈述无法达到深度缝接的效果，只有做到知识转换才能用旧知识体系对新知识进行深度缝接，所以在重构时，我们可以只取最触动自己的观点，其他观点可以放弃，即使它们很有道理。如有机会，我们还可以花足够长的时间去打磨一个主题或观点，**当一个你精心打磨的作品打动了别人，它产生的影响力将远比每天都写但缺乏深度的思考要大得多。**而且，写作具有复利效应，我们写的文章随时可能被他人读到，这样也间接达到了讨论交流和教授他人的目的。当然，如果你不喜欢写作或不愿意分享，也没有关系，你只须实践书中触动自己的知识即可，因为**实践和改变本身就是最大的输出。**

三是反思生活。学习不止读书，生活经历同样可以被深度学习。比如《好好学习》一书的作者成甲就非常注重反思，他每天早上大约要花 2 小时进行复盘反思，还要求自己的员工也这样做。他在书中花大量笔墨阐述了反思的方法和好处，他说：人与人之间的差距不是来自年龄，甚至不是来自经验，而是来自经验总结、反思和升华的能力。

受这个理念的影响，我从 2017 年 2 月开始坚持每天写复盘反思，有时几句话，有时上千字。通过持续反思，很多没想明白的事情想清楚了，很多模糊的概念变清晰了，很多看似并无关联的事情居然有了底层的联通。持续反思让我对生活细节的感知能力变得越来越强，从生活中获得的东西也越来越多。你目前读到的这部分内容的立意和构思有很大一部分也来自我平日的实践和反思。如果让我推荐一个不可或缺的习惯，我必推每日反思[①]。

深度学习的好处

深度学习除了能让我们不再浮躁，能磨炼理智，还能带来诸多好处，比如跨界能力的提升。古典在《你的生命有什么可能》一书中提到，人的能力分为知识、技能和才干三个层次：知识是最不具迁移能力的，你成为医学博士，也照样有可能不会做麻婆豆腐；技能通常由 70% 的通用技能和 30% 的专业技能组成，迁移性要好一些；而到了才干层面，职业之间的界限就完全被打破了。

这就解释了为什么一些人能够轻易地跨界，因为他们通过深度学习已经拥有了某些才干，而这些才干在其他领域同样适用，所以

---

① 每日反思的具体方法参见本书结语篇。

他们只需要花少量的时间熟悉知识与技能就玩得转。但反过来，如果你不具备某些才干，当你换到其他行业时，只能重新开始培养底层的知识和技能，这就非常吃力了。

深度学习还能让人产生更多灵感。我们知道爱因斯坦是在去专利局上班的路上，看到伯尔尼钟楼时突然冒出了一个假设："如果公交车以光速移动，那么从车上看，钟楼的指针会不会是静止的呢？"这个假设使20世纪最伟大的发现之一——狭义相对论走入人们的视野。而德国化学家凯库勒是在非常疲劳的情况下做了个梦，梦到一条首尾相咬的蛇，这条蛇成了他发现苯分子结构的线索。人们都惊叹科学家们的直觉和灵感，但假设爱因斯坦是一名理发师、凯库勒是一名管道工，他们就不会获得这些直觉和灵感。一个人只有在自己的领域探索得足够深入时，灵感才可能在潜意识的帮助下显现。虽然我们不是科学家，但深度学习也能让我们更大概率地收获意外的惊喜。

与此同时，深度学习还能让我们看到不同事物之间更多的关联，产生洞见。比如我曾带女儿去看电影《西游记之女儿国》，剧中女儿国国王与唐僧经历生死之后对他说："我做了一个梦，多年以后，你蓄满长发，和我一起慢慢变老，但是，你并不开心。"我立即感慨道，这就是"未来视角"啊，国王用未来视角回望现在，然后做出了理智的决定，克制了自己的感情，放唐僧西行。因为一周前我正好写了一篇关于未来视角的文章——《用什么来拯救你的行动力》，换作以前，我肯定是对此无感的。而女儿看到的只是国王好漂亮，孙悟空好搞笑……

不仅如此，如果自己在一些领域的认知积累得足够多，那么，即便是面对影视节目、娱乐八卦或新闻热点等这些分散人们注意力的事物时，也同样能调动高级认知，把它们与有益的思考关联起来，产生更深刻、更独特的见解。

据我所知，很多严肃的成长者同样喜欢娱乐消遣，比如李笑来就喜欢看电影。我敢说，当他们身处娱乐环境时，依旧是理智脑作主导，他们能不自觉地关联认知、获得启发，而非单纯地满足本能脑和情绪脑的原始需求。

娱乐热点并非没有价值，浅层知识也同样具有意义，但前提是你需要具备一定的认知深度——**深度之下的广度才是有效的。**

为浅学习正名

说了这么多深度学习，那么我们应该如何对待网络上那些知识专栏、精品课、听书等产品呢？彻底拒绝或远离吗？我觉得并不需要，因为深度学习与浅学习其实并不冲突，浅学习也有其价值，关键是不要搞反它们的权重关系。我们可以把浅学习作为了解新信息的入口，但不能把成长的需求全部寄托于此，更合理的态度是：**专注于深度学习，同时对浅学习保持开放。**

选择一些值得关注的人，和他们保持联结。他们释放的一些有价值的信息会引领我们走向更广阔的世界，但无论如何，最终要自己去读、自己去想、自己去做。

就像这本书，如果它触动了你，也仅仅是为你开启了一个新的视角，最终能否获取深度学习的能力，只能靠你自己行动，没有人能够代替。

第三节

关联：高手的“暗箱”

如果有人问：“在不付出特别努力的情况下，可以快速变聪明吗？”他们通常会得到这样的警告：“莫做白日梦！”然而，我还真找到了一个快速变聪明的方法。

张继钢是谁？

你可能不认识他，但是他的作品《千手观音》你肯定看过。2005 年，21 个有听力及语言障碍的演员亮相中央广播电视总台春节联欢晚会，呈现了极富视觉冲击力的舞蹈作品——《千手观音》，震惊了世人。

这个创意是导演张继钢 1996 年在山西云冈石窟、五台山、崇善寺大悲殿等地采风时产生的，作品前后打磨了 7 年。更不为人知的是，张继钢还是 2008 年北京奥运会开幕式的副导演，开幕式表演中的“梦幻五环”就是他的创意。

说到这个创意的诞生，还真是神奇有趣。当时为了达到“见所未见、闻所未闻”的要求，导演组研究了很长时间，但总也拿不出一个很好的方案。北京奥组委为了方便导演工作，给每位导演配了音响、电视和白板，白板就是那种可以吸磁铁、反复擦写的记号板。一次讨论的时候，张导说："把这个擦掉，我再给大家谈一个方案。"结果白板上的痕迹怎么也擦不掉。张继钢的第一反应是，这块白板是个次品，于是他赶紧叫人联系奥组委的行政部门。10分钟后，派去询问的人回来说："导演，我们真够笨的，新买的板子的塑料薄膜还没撕掉！"大家哈哈大笑："原来是这样啊！"然后开始撕薄膜，就在这个时候，张继钢突然喊道："别动！"在众人的诧异中，他向所有编导宣布："奥运五环诞生了！"

于是在奥运会开幕那天，全世界的人都看到了这样的画面：29个烟花大脚印向鸟巢"走"来，当最后一个大脚印在鸟巢上空散开时，满天的烟花像繁星一样落到地面，地面的LED就向中间汇聚，形成了奥运五环图案。全世界的人都知道图案是在LED上显示的，但没有人会想到这个五环图案会被"揭"起来，成了一个真正的立体五环被挂在空中。

这正是大师创作的普遍手法——把远处不起眼的A，关联到近处需解决的B，然后爆发出惊人的力量。

关联，正是高手们的秘密，但因形式隐蔽，常不为人所知，故而形成了暗箱。今天，就让我们一起打开这个暗箱，把关联这个神秘武器曝光，为众人所用，助力更多人成为高手和大师。

无关联，不学习

关联是种底层能力，它不仅体现在高层，也体现在低处，与人们的日常生活息息相关。

比如在学习这件事上，很多人喜欢遵循这样的模式：阅读很多书籍和文章，不断了解新知识，做笔记、画导图、点收藏，甚至还不时在朋友圈分享；或者时不时抛出新名词、新概念，让人感觉很厉害，以此宣告自己见多识广。然而这样的学习效果十分有限，不是说不好，而是太肤浅。

在《这样读书就够了》一书中，赵周提出了读书的三个步骤：

- 用自己的语言重述信息，即找到触动自己的信息点；
- 描述自己的相关经验，即关联生活中的其他知识；
- 我的应用，即转化为行动，让自己切实改变。

这既是有效阅读的三个步骤，也是深度学习的三个层次：

- 知道信息点
- 关联信息点
- 行动和改变

不难看出，知道信息点是最浅的层次，完整、深入的学习还包含关联和行动。然而很多人到了第一层就停止了，或是因为心理满足，或是因为根本不知道学习有这三个层次，于是常年遨游在知识的海洋中，始终无法进阶，这其中最根本的阻碍在于他们意识不到新学习的知识点是孤立的。**因此，不管这个新知识让人多警醒、使人多震撼，若是无法与已有的知识发生足够的关联，它存活不了太久。**

在前文中我也提到罗振宇“缝扣子”的学习方法，可见高手们的学习通常不满足于对新知识的获取，更注重对新知识的“缝接”，这个缝接过程就是关联。孤立的知识就像沙粒，只有关联才能将其聚沙成塔，形成稳固的知识晶体，最终构建自己的认知体系（见图5-3）。

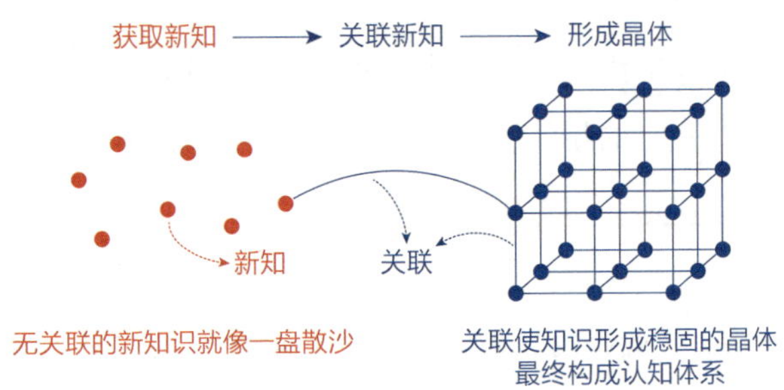

图 5-3　关联是学习的重要环节

如果你了解人类大脑的学习原理，就很容易从这幅图联想到大脑中神经元工作的情景。因为无论是学习动作，还是背记公式，从本质上来说都是大脑中神经细胞建立连接的过程。用神经科学术语解释就是：通过大量的重复动作，大脑中两个或者多个原本并不关联的神经元经过反复刺激产生了强关联。如果没有关联这个过程，就算有再多脑细胞，你也不会变得更聪明。

鉴于此，我时常也鼓励人们写作。因为单纯阅读时，人容易满足于获取新知识，而一旦开始写作，就必须逼迫自己把所学的知识关联起来，所以写作就是一条深度学习的自然路径。

放眼看去，按照关联意识的强弱，人在不知不觉间被分成了两个群体：**绝大多数人习惯以孤立的思维看待事物，喜欢花大量时间收集和占有信息；而另一批先行者则更喜欢拨弄信息之间的关联，从而在不知不觉间变得聪明了起来。**

事不关己，不关联

充分运用关联，确实能快速提高人的能力，但这并不意味着我们需要随时随地把所见所闻通通关联起来，那既不可能，也无必要。天下事物之多，如何能关联殆尽？所以，我们在关联时，需要牢牢聚焦自身最迫切的需求，换句话说，就是让一切与自己有关。

在这方面，《生活中的经济学——发现你内心的经济学家》一书的作者泰勒·考文给我们做了一个亮眼的示范。据说考文读的 10 本书中往往只有 1 本是从头到尾读完的。有记者目睹了考文读书的过程，并进行了报道。

一次，考文带着一大摞新书在机场等飞机起飞，他一边翻书一边跟记者聊天，2 小时过去了，飞机快起飞了，考文也翻得差不多了。他留下一两本，把剩下的书都丢给了记者，说："你要感兴趣你就拿走，你要不感兴趣就直接扔了吧。"

普通人觉得要是不把书读完，实在是对不起作者或是自己花出去的钱，但经济学家考文却觉得他这样做很划算。因为只有真正和自己有关的内容才对自己有用，在这个注意力非常匮乏的时代，没有必要把所有的书或是书中所有的内容都读完。

想来也是，一本书再好，我们也无法记住全部内容。回头一翻，很多内容就像没看过一样，但那些被自己关联过的观点和知识却很难被忘记，让自己发生改变的观点必定印象更加深刻。这也反过来印证了前文：**知识的获取不在于多少，而在于是否与自己有关联，以及这种关联有多充分**。对别人有用的东西可能与自己并没有关系，那就果断将其放弃，把握"与自己有关"的筛选原则，会让关联效能大大提升。

当然，还有一个更重要的隐蔽条件不能忽视：你需要明确的目标或强烈的需求。张继钢之所以能将佛像关联为舞蹈，把薄膜关联成五环图案，是因为他是一个艺术工作者，有强烈的创作需求。这就好比你手中有了一把锤子，其他事物看起来才会更像是钉子，能为你所用的东西才会变多。一个心中迷茫、漫无目的的人，即使置身各种情景和知识中，也看不到有益的关联，纵使辛勤努力，也终是竹篮打水一场空。

如何获取关联能力

成为大师并不神奇，只要开启了暗箱，我们也有机会成为大师。关联能力能够让人加速演化，获取杠杆。结合上文，我们很容易梳理出几条实现路径。

首先，手中有锤子。如果你对某件事情没有足够的热爱和投入，没有极致的专注和思考，恐怕任何事物对你都没有意义。张继钢的访谈节目是我 10 年前看的，如果不是因为现在手中有了写作这把“锤子”，这个故事可能再也不会被我想起。

其次，输入足够多。不管是阅读获取，还是现实经历，知识和阅历越丰富，成功关联的概率就越大。很难想象空白的头脑和苍白的人生如何建立精彩的关联。所谓巧妇难为无米之炊，面对满屋子的食材，拙妇也能随便弄出点花样来，所以，多走走、多看看，多阅读、多反思。人生没有白走的路，每一步都算数。

再次，保持好奇心。瓦特好奇壶盖为什么会被热气顶起来，牛顿好奇苹果为什么会往地上落……这世间最伟大的哲思蕴藏在万事万物中，越不起眼的小事越有可能通过关联产生至深的启发。不过对于成人来说，做到这一点可不容易，若不时常净化自己，像孩子一样保持纯净，怕也只是遇到了任何事都见怪不怪、视而不见，所以，成长这件事不仅仅是提高认知，更是一种自我修炼。

最后，常说一句话。总有一些话让人听过一次就难以忘记，比如李笑来的这句话我就一直记在脑中：“这个道理还能用在什么地方？”很多高手都是这样学习的，比如混沌大学创办人李善友看书的时候，每看到一个有用的知识，都会停下来寻找联系，看看有什么其他的现象能够被这个理论解释。不找出 5 个现象他是不会罢休的。

他们都有意无意地坚持着这个思维准则：但凡收获一个感悟、了解一个观点或是学到一个知识，只要触动了自己，就要想办法让它效率最大化，而效率最大化的办法就是主动关联到别处，并让自己的行动发生改变。所以你不妨也把这句话当作口头禅，时常问自己：这个道理还能用在什么地方？

一切在于主动

瓦特关联了壶盖，牛顿关联了苹果，爱因斯坦关联了钟，凯库勒关联了蛇，伟大的方法论始终存在，只是被极小部分人运用了，若是我们打开了暗箱，可不能再对其熟视无睹，全凭运气撞进暗箱啊！

我们很小就学过“关联”这个词，也在无数场合听过“关联”这个词，但谁能想到它竟是进阶的天梯呢？从今日起，请你重新认识它，主动运用它、传递它，让它不再隐藏、不再模糊。我相信肯定有人会因为主动使用了它而变得与众不同。

放眼未来，我似乎看到一大波有识之士正在知识和技能的进阶之路上不断崛起……

第四节
体系：建立个人认知体系其实很简单

如何判定一个人是否厉害？

要是一个人拥有的知识体系可以解决自己遇到的各种问题，那他必定是个厉害的人。

比如被誉为当代最伟大的投资思想家查理·芒格，据说他有数百个思维模型可以应对投资判断中的各种问题；再比如桥水基金的创始人瑞·达利欧，他的知识体系中包含500多条生活和工作的原则，最终写成的《原则》一书也有500多页；当然，很多知名高管、政界翘楚、图书作者、超级学霸，等等，都在此列。那些知识体系正是他们的制胜法宝，如果我们能借用他们的知识体系，是不是也能快速提升呢？

这真是个好思路。

于是，学习高手们的知识体系成了时下流行的学习方式：一些人热衷于谈概念，张口闭口就是某某模型，好像知道了这些就拥有了完整的知识体系；一些人相对勤奋，他们看书、画思维导图，为自己能整理出一个“完美”的结构框架而欣喜不已；一些人博采众长，对别人的知识体系如数家珍，甚至还能互相整合，感觉自己看穿了一切。

只是美好归美好，现实归现实。折腾了一番之后，他们发现自己还是问题重重，少有长进，除了知道，一切照旧，最后只得把原因归结于此：建立知识体系是一件很难的事情，而自己现在的积累还不够，等学会更多知识以后再来尝试……

事实上，建立个人知识体系真的很简单，简单到你可能不相信，但等我说出来之后，你就知道我不是在吹牛。毕竟这背后不仅有严谨的科学作支撑，还有我自己实践的呈现。现在，让我们一起搓搓期待的小手，开启不一样的个人知识体系打造之旅吧。

知识与认知的区别

如果你仔细看过这一节的标题，会发现我写的其实不是“知识体系”，而是“认知体系”。“知识”和“认知”在我眼里是不同的，这种不同如何表达呢？我想借用万维钢老师的一段话。

> 考试得了高分，不叫有知识；茶余饭后能高谈阔论，这也不叫有知识。这些场合下，知识虽然有用，但是这些知识都不太牵扯到具体的得失，所以只是智力游戏。只有当局势不明朗、没有人告诉你该怎么办，而错误的判断又会导致一些不良的后果时，你要是能因为有知识而敢于拿一个主意，这才算是真有知识。请注意，这不是在说，实用的知识才是知识，而是

在说，只有当知识能够帮助你做实际决策的时候，它才是你的知识。

这段解释深深地打动了我，因为它打破了人们对于知识的固有观念。在很多人（包括我自己）以前的观念里，知识就是书本上的概念、公式、原理、案例、道理，等等，它们都是有体系的。那个时候，我们至少坚信两件事：一是学术上的知识体系是确定的、通用的，是可供所有人学习和参照的；二是学霸或名师必然掌握了知识体系或知识框架，看到了知识的全景，所以才能游刃有余，因此参照他们的知识体系就是走捷径。这两种观点在求学阶段几乎没有什么可反驳的，以致人们形成了思维惯性，在探索个人认知体系的时候，也不假思索地延续了这种观念：找一个最权威、最确定的认知体系去学习和照搬就好了。

如果有这种想法，就说明我们把“知识”和“认知”混淆了，这直接导致很多人以“寻找最优认知体系并全盘学习”为标准，忽略了他人的认知体系与自身实际需求的差异，**因为个人成长的目的已经不是“知道和理解”了，而是“判断与选择”**。正如万维钢所言，真正的知识不是你知道了它，而是能运用它帮助自己做出正确的判断和选择，解决实际问题。这一点正是“学术知识体系”和“个人知识体系”的重要区别。

所以在个人成长领域，没有最优、最确定、最权威的认知体系，只有最适合我们当前状态的认知体系。换句话说，知识不一定能给我们带来认知能力，而认知能力必然包含有效的知识。这部分有效的知识是能帮助我们判断、选择、行动、改变和解决实际问题的，也是本节要重点阐述的。为了避免混淆，下面我会使用“认知体系”来指代“知识体系”。

只学让自己触动的

初学者迫切希望拥有自己的认知体系，是因为自己手中只有碎片化信息，难以整合以应对复杂的情况。在没有觉知的情况下，他们很容易把“学习知识”和“学习认知”混淆，用掌握学术知识的方法去对待别人的认知体系，所以不禁沉迷于全面掌握和全盘照搬他人的体系，甚至感觉如果没有完全掌握对方的认知体系，就有可能前功尽弃。

有这种想法和担忧的人不少，他们有一个共同的特点是：**非常在意形式上的完整**。比如很多读者和我探讨读书方法的时候都会说，自己每读完一本书，都要系统地梳理作者的知识框架，写读书笔记，摘录精华，还要画出思维导图，似乎只有这样做才意味着自己认真读完了一本书，然后他们问我：“你平时用什么思维导图工具？”

这时我往往不知道怎么回答，因为我读书从来不画思维导图，也不会刻意梳理作者的知识框架。在阅读时，我唯一要做的事情就是：**寻找触动点**。我会在触动自己的地方做标记，在空白处写下大量能联想到的思考，书读完之后，我会放上几天，然后问自己：“这本书最触动自己的是哪个点？”这个点可以是一个理论、一个案例，甚至是一句话，只要它真正触动我，并能让我发生真实的改变，我就认为这本书超值了，至于其他，忘记就忘记了，我一点也不觉得可惜。而作者的知识体系和框架，又与我何干呢？

很多人得知我的读书方法后都很惊讶，觉得这种方法很不靠谱、很浪费：明明有完整的体系可以参考，偏偏只拾取一块或几块碎片，这不是舍本逐末吗？难道我是在骗他们？如果你有这种想法还请少安毋躁，因为这个方法是有科学依据的。

根据能力圈法则可知，人的能力是无法跳跃发展的，只能在现有基础上一点一点向外扩展，而扩展的最佳区域就在舒适区边缘。

认知也是一种能力，同样遵循这个原理：处于认知圈边缘的知识与我们的实际需求贴合得最紧密，因此也更容易让我们产生触动，进而与现有的知识进行关联。而他人认知体系中的很多知识，纵使再有道理，如果距离我们的认知或需求太远，就相当于处在了学习的困难区（见图 5-4）。

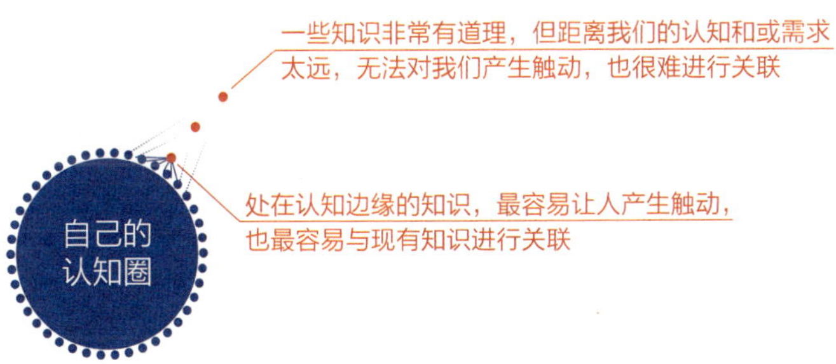

图 5-4　在认知圈边缘扩展最有效

所以，除非对方的认知体系刚好和自己的认知圈比较匹配，否则痴迷于全盘接受，学习效果有限，还很浪费时间（见图 5-5）。

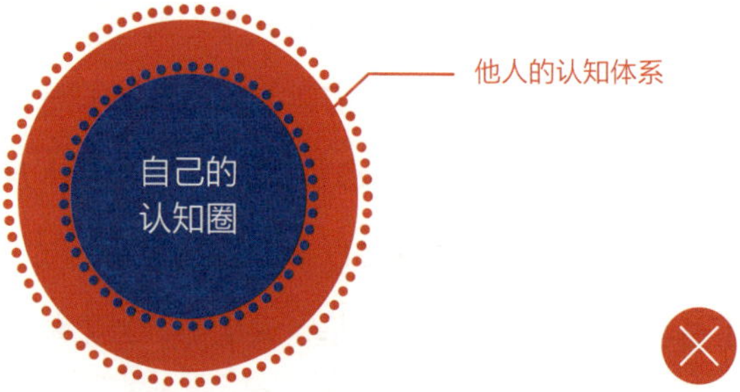

图 5-5　全盘照搬往往不合身

想想看，你看过的那些书、做过的那些笔记和思维导图，有多少你还记得？大部分都模糊了吧？如果再问自己：这些知识中哪些是平时能真正运用的呢？答案或许更少。

我们不需要全盘掌握他人的知识体系，只需要掌握那些最能触动自己、离自己需求最近的知识（见图 5-6）。

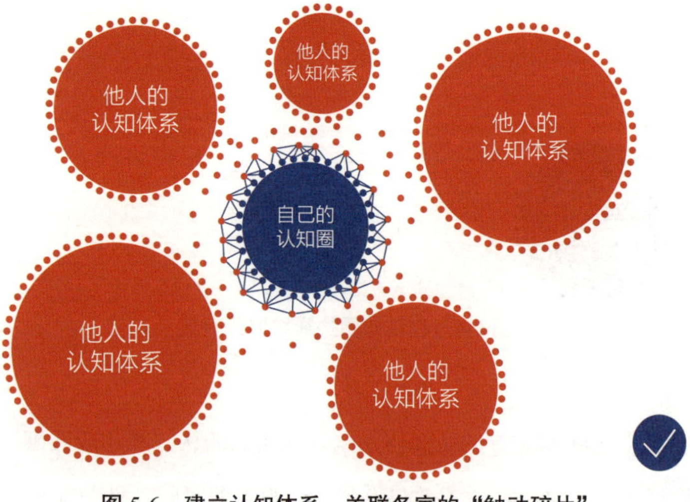

图 5-6　建立认知体系，关联各家的“触动碎片”

“触动碎片”能够与自身紧密结合，慢慢变成自己的一部分，最终织出一张属于自己的认知网络。

体系的本质就是用独特的视角将一些零散的、独立的知识、概念或观点整合为应对这个世界的方法和技巧。我们再走近一点观察，就会发现每个人的认知体系都是不同的，高手们也是根据自己的关注点，不断收集该领域内触动自己的信息，然后加工整合，形成独特的认知体系。所以，我们也要尝试建立独一无二的认知体系。

这就是搭建个人认知体系的真相：**打碎各家的认知体系，只取其中最触动自己的点或块，然后将其拼接成自己的认知网络。**

想通了这些，我们就能明白，为什么读了一些优质书、报了一些高端课，自己却无法发生想象中的巨变？因为那些书的目录、那些课程的大纲，虽然洋溢着体系的香味，但它们可能与自己的认知和需求贴合得并不紧密，学了也用不起来。明白了这些，我们就不会被各类体系所迷惑，不会因读完一本书而没有全部记住书中内容而内疚自责。

随着我们自身认知体系的不断完善，原来距离我们较远的知识就会相对变近，于是又能触动我们，所以暂时放弃一些知识并不可怕，只要持续学习，我们不会损失什么。从这个角度看，我们已经能打破形式，从万事万物中学习了——只要学的东西是能触动自己并解决实际问题的，不管是读书、上课，还是自我反思或与人交谈，都是贴近自己的成长方式。这样成长不仅高效，而且非常“接地气”，甚至能消除学习的焦虑。

所以，只要有了触动，我们就知道学习的机会来了！

触动是最好的筛选器

我们潜意识的感性能力完全可以作为学习的筛选器——通过情绪触动，识别与自身需求结合最紧密的内容。紧紧地抓住这些内容就可以让自己处在舒适区的边缘，高效学习、快速提升。

截至目前，似乎还没有人归纳过这种方法，所以我把它命名为**“触动学习法”**。通过运用“触动学习法”，我也得到了莫大的好处，用它来读书、反思、建立个人认知体系，效果非常显著。

我建议每一个想成长的人都去进行每日反思，因为它可以提高自己对生活细节的感知能力，不会让日子像流水一样哗哗流过而什么都没留下。不过，和一般的日志不同，每日反思不是记流水账，而是留意每天最触动自己的那件事，不管是好的启发还是坏的体验，都写下来复盘，写得越细越好。一个触动点若是能转化成一个认知晶体，我们的生命质量和密度将远远超过那些不反思的人。面对生活中信息的滚滚洪流，触动真是最好的筛选器，它能让我们免受洪流的冲击，从容而体面地行走在人间。

仅仅触动还不够

不是所有的触动都是有效的。就像你曾经看过很多好文章，当时被触动得一塌糊涂，还把它们放进了收藏夹，但一段时间之后，你就再也记不起来了。如果让你在一本书上画出令自己触动的地方，纸页上可能会有很多横线，但显然这些内容不能全部为你所用。触动了却用不了，这就好像在医药箱里备了创可贴，可真到划破手指的时候却又想不起来用，这和没触动又有什么区别呢？

确实没区别，因为它们只是“伪触动”。我们看看图 5-7 就明白其中的缘由了。

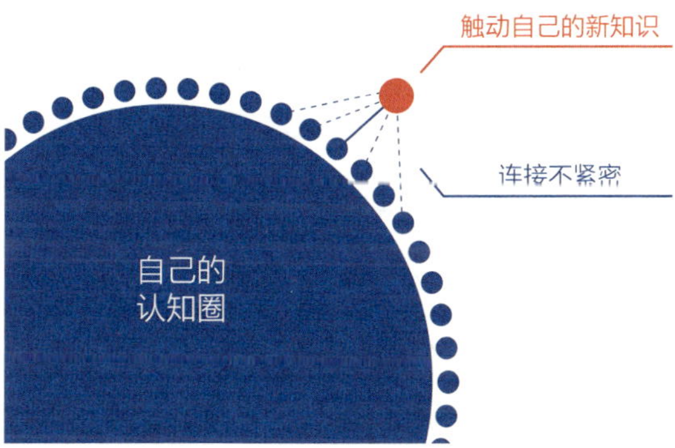

图 5-7　产生“触动”不意味着“连接”紧密

当一个新知识靠近我们认知圈边缘的时候，触动产生了，但触动产生并不意味着连接紧密。如果不及时强化，新的触动点很可能停留一段时间之后就又“飞走了”。为了留住它，让它成为自己体系的一部分，就得想办法和它发生关系，产生连接。这种连接越多越好，但主要表现在以下三个方面（见图 5-8）。

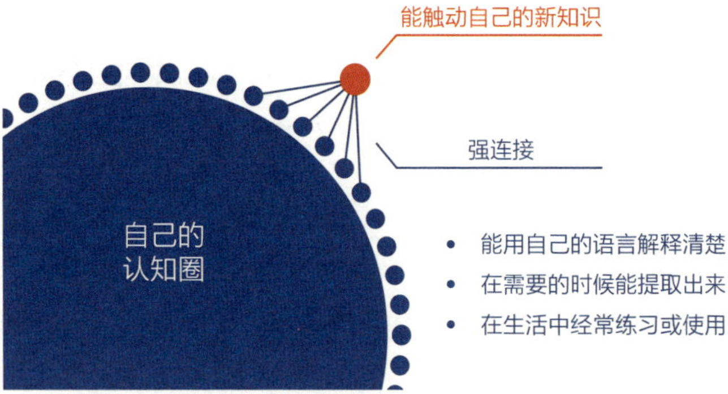

图 5-8　有效关联新知识的三个方面

一是用自己的语言重新解释新知识，这会促使自己原有的知识体系对新知识做出反应。如果能用自己的语言把一个知识、一个道理、一件事情说清楚，让外行人也能听懂，那么这些知识、道理、事情十有八九会成为自己的一部分。经常输出的人往往成长得更快，因为他们总是不断在新旧知识之间建立连接。

二是在需要的时候能够顺利提取知识，提取不出来的知识就是伪触动。比如我以前经常听罗振宇的“每天 60 秒语音”分享，但我在写作时，能从那些 60 秒语音分享中提取出来的观点只占少数，大多数观点都被我忘了。偶尔回头再看那些观点，我会感叹：这些知识很有道理啊，但我怎么就一点印象都没有了呢？像这种当时很受触动，但需要用的时候完全想不起来的知识，就是“伪触动”。说明它们离我们的真实需求很远，所以放弃也罢。

如果你在读书、写作、交谈的时候想到了一个观点，哪怕你记不清具体的内容，只有一条微弱的线索，你也要极端重视这些内容，因为那些能在需要的时候被提取的知识，是与你真正产生触动的知识，你们之间宝贵的连接还在，所以要想办法主动关联和强化。

很多人读书的时候往往只关注自己是否理解了书中的内容，却经常忽视头脑中冒出的想法。其实这些想法是非常珍贵的，放过了它们，我们的学习效果就会大打折扣。

三是在生活中能够经常练习或使用这些知识，因为实践是产生强关联的终极方法。学习不是为了知道，而是为了发生真实的改变。当你运用那些知识践行那些道理时，相关细节就会源源不断地显现在你的视野里。到那时，你不仅能成为认知上的强者，也会成为行动上的巨人。

最终，你会明白，所谓的学习成长，诸如阅读、写作、反思、培养习惯、练习技能、建立认知体系，等等，本质上都是一回事：**在舒适区边缘，一点一点向外扩展。**

想通了这一点后，一切就都简单了！

第五节
打卡：莫迷恋打卡，打卡打不出未来

时下，学习成长蔚然成风。

不管是在家的、在学校的、上班的，都在抓紧一切时间提升自己。为了实现目标，我们周围兴起了一股打卡风：早起打卡、健身打卡、跑步打卡、阅读打卡、外语打卡……只要是想得到的领域，都能找到打卡阵营。

这似乎是一个不错的办法：把大目标分解成小目标，日拱一卒，既能看到努力的轨迹，又能增强行动的信心，而且把大目标平摊为每天的小任务，看上去既轻松又无痛苦，成功似乎只是时间问题。

然而，总有哪里让人感到不对劲。比如读者"阿健"就有这样的困惑，他在咨询时表示："我为了学习，建立了 5 个打卡计划，天天坚持，但是，如果某个打卡计划一旦中断，我就想把它扔到一边，不愿再继续了。"

是他太贪心了？还是他有完美情结？都不是。事实上这种现象背后藏着一个隐蔽的心理机制。为了看清它，我们不妨关注一下朋友圈里打卡的人，虽然他们每天打卡打得很起劲儿，但最终学有所成的人寥寥无几。对大多数人来说，打卡只是一场充满激情的欢娱盛宴，无需多日，他们就会出现在另一轮打卡活动中，或是无疾而终了。

当然，这样说肯定会让很多正在打卡的人不高兴，但先别生气，请继续往下看，我会给出合理的解释，也会提出更好的办法。事实上，我并不反对打卡，只是有几种情况我们必须学会区分。

动机转移，动力扭曲

“微信运动”大家都知道，这个功能可以让自己每天的行走步数显示在排行榜上。这不排名不要紧，一排名，有些事就变了。不管之前爱不爱运动，人们都开始冲进大街小巷、公园码头，甩开膀子走了起来，无论刮风还是下雨，都抵挡不了他们的热情。这乍一看是好事，每天的排名激发了人们的运动热情，既能健身又能社交，多好啊。但问题就出在这里。

因为从开始排名的那一刻，人们的锻炼动机就不知不觉地发生了转移：原先纯粹是为了身体健康，享受运动带来的美好，现在却是不自觉地为了自己的成绩在排行榜上更好看，甚至有人还专门为此去买设备或用软件“刷”步数。

打卡活动也是如此。一开始，人们的行动动机全都出于学习成长本身，一想到自己今后能够轻松早起，享受美好时光；锻炼塑身，拥有美好身材；热爱阅读，成为博识智者……就顿时信心满满，动力十足。出于这种目的，打卡更像是锦上添花，即使不用任何意志力支撑，人们也能持续行动。然而打卡一旦开始，任务心态其实已经锚下了。

随着时间的推移，热情消退、动机减弱，学习成长的难度逐渐增大，人们不得不依靠更强的意志力去坚持，等到意志力难以为继时又该怎么办呢？直接放弃？那不等于告诉大家自己不行吗？多丢面子啊！

为了不陷入痛苦，我们的大脑会开启自我保护模式，在举步维艰的时候主动调整认知，给自己找借口："学习很难，但打卡并不难啊！只要完成打卡，不就代表任务已经完成了吗？""既然打卡就代表完成，那为什么不选这个轻松的，而非得选那个难的呢？"

这就是大脑"解释系统"的逻辑，虽然很荒谬，但强大的天性会迫使理性这样解释，而有的人还真接受了，于是有人去网上购买刷步神器，坐在家中就可以让自己运动步数名列前茅；有人早上5点闹钟一响就在早起群里打个卡，然后倒头继续睡；有人翻开书，拍张照，然后将照片发到朋友圈，以示自己今天读过书了……

这些做法虽然有些极端，也只是少数人的行为，但大多数人在意志力薄弱的情况下，都会为了完成打卡任务而不自觉地降低标准，此时做多做少、做好做坏已然不是最重要的，最重要的是完成打卡任务。人们坚持的动机，就这样不知不觉地从学习本身转移到了完成任务上，由内在需求转移到了外在形式上。

阿健同学正是因为没有意识到自己的学习动机已经转移，所以疑惑为什么一旦打卡中断就不愿继续行动，因为他关心的是让打卡纪录保持完整，而不是让学习过程保持完整，其实对于学习来说，偶尔中断又有什么关系呢?

一些“中毒”更深的人，他们不仅学习动机转移了，甚至连学习的目标也转移了。他们起初还记得做某件事的意义，比如知道学英语是为了与外国人流利地交谈，但时间一长，目标就被简化为每天背 20 个单词，于是他们每天只是机械地完成、打钩，却忘了所学为何，从此陷入为学而学的境地。

认知闭合，效能降低

单纯地依赖打卡，不仅会转移行动的动机，还会降低行动的效能。这源自另一个重要的心理机制——**认知闭合需求**。

所谓认知闭合需求，就是指当人们面对一个模糊的问题时，就有给问题找出一个明确的答案的欲望。比如古时候人们不知道为什么会下雨，于是下雨这个问题就没有闭合，会让人很难受，所以古人就用雷公、电母、龙王解释下雨的成因，这些说法虽然没什么根据，但满足了认知闭合需求。将这一概念扩展到行为上也是一样的：**一件事若迟迟没有完成，心里就总是记挂，期盼着早点结束；**

此事一旦完成，做这件事的动机就会立即趋向于零。

比如老板交代你做一件事，在完成之前，你总会对这件事念念不忘，脑子里都是关于这件事的零零散散的细节，但是只要老板说可以了，这件事就结束了。任务一旦闭合，大脑就会清理原先被占用的记忆空间，那件事很快就会退出脑海，行动的动机也就消失了。

我们之所以有这种心理是因为人类的大脑喜欢确定性，不喜欢未知或不确定性。而打卡活动自带任务心态，人们每打一次卡，都要面临一次任务闭合需求，这在开始时并无大碍，但动机一旦转移，人们的心理就会发生变化。

比如你每天要打卡记 20 个单词，如果今天时间来不及了，但为了完成打卡，你就可能随便扫几遍，告诉自己学过了，先让任务闭合再说，不然总惦记着这事，心里难受。反过来，如果今天时间非常充裕，你一早就完成了记 20 个单词的任务，打卡一结束，任务就闭合了，此后，你的学习动机衰减为零，你也不会想着再多做些探索。

这就是打卡心态的特性：学不到，假装一下；学到了，立即停止。所以单纯抱着打卡这一任务心态去学习，很少会有强烈的主动性，毕竟在任务心态的驱使下，人们关注的是完成情况，对任务本身没有更大的热情。

任务心态，身心分裂

任务心态在某些领域是很有用的，比如军事领域。军人必须有极强的任务意识，但在个人学习成长领域，任务心态或许并不可取。

比如跑步时总想着还剩多少时间就可以结束，读书时总想着还剩多少页就可以完成，背单词时总想着还剩多少个就可以完事……这样的心态会使注意力处于分散状态，很难全身心投入事物本身，从而体会其中的要领和乐趣。我们感受不到跑步时身心、手脚的畅快，无法深入了解书中人物的思考和情感，体会不到单词之间的深入关联……不管什么时候，身后好像总有个声音在不停地催促：快点、快点、再快点，赶快完成它！

现代人很难获得幸福感，多是因为这种快节奏和急心理，但在这种状态下，生活何其枯燥，它无法让我们享受过程，只会让身心紧张、焦虑、麻木和分裂。

在《今日简史》一书中，尤瓦尔·赫拉利对人类存在的意义做了极为深入的思考，但是在谈到生命的意义时，他说出了这样的感悟：我和这个世界之间隔着的是身体的感觉。

换句话说，个体生命的本质意义就在于身心合一，去觉知真实的生命过程，这其中有禅意、有哲思，也有科学。至少在学习时，身心合一、极度专注是极为重要的前提条件，只有在这种状态下，人们才能从学习活动中收到精细、强烈的正向反馈。然而任务心态破坏了身心合一的状态，这种不良体验会加剧人们对学习活动的厌恶感，形成恶性循环。

说到这里，你可能也希望自己能减少任务心态，以免影响自己的专注和感受，不过，世界上有些事情很奇怪，你直接去追求反而得不到。比如睡觉，你越是提醒自己要睡着，你就越睡不着，但若是去感受身体每一处的放松，你反而能快速入睡；比如专注，你越是提醒自己要专注，你就越容易分神，但你若是全身心思考、体会事物本身，自然就能专注了；再比如美，你越是花心思去装扮展示，你就越容易让人感到刻意，但你若是安静地专注于一件事情，真正的美就出现了。所谓“大美不自知”，我想破除任务心态的方法正是如此——集中心力做眼前的事就好。

两个策略，轻松改变

写这些没有一竿子打翻一船人的意思。正如开篇所说，我其实不反对打卡，很多时候打卡是一个很好的工具，它确实能助推我们持续行动，形成行动惯性，这也是很多人对打卡爱不释手的原因，但切不可完全依赖打卡，否则很容易陷入认知陷阱。

现实中的打卡大军，几乎都缺乏觉知，在助推期结束后不能及时、主动地调整动机，导致深陷其中却不知其害。当然，也有一些人能做到学习和打卡相结合，究其原因，并没有什么神秘之处，不过是因为他们的行为动机没有改变——打卡只是学习活动的附属品。

那他们是如何做到的呢？

只要一个小方法就能立即改变，那就是**用记录代替打卡。**

每次学习后只做行动记录，不做打卡展示。把学习过程记录下来，既可以看到自己的学习轨迹，也便于每周复盘（见图 5-9）。

图 5-9　用记录代替打卡

虽然看上去和打卡是一样的，但这样做没有打卡的任务压力，可以将注意力集中到活动本身，而不是完成任务上。

当然，也无须担心缺少打卡的限制会使自己懈怠，毕竟谁都有向好之心，谁不愿意自己每次都比上次做得更好呢？只要专注于学习成长活动本身，体会其中的乐趣，就能保持强烈的学习动机，化被动学习为主动学习。打卡与记录，看似只是叫法上的不同，但其中的差别非常微妙，需要悉心体会。

同时，我们在任务设置时要使用新策略：**设下限，不设上限。**

比如原先打卡每天要背 20 个单词，这是任务的上限，假设做到这一条并不容易，所以任务一完成你就会松一口气，心想：终于完事了。现在把任务调整为背 5 个单词[①]—— 一个很容易完成的下限，这样做的好处是：你完成目标毫无负担，且此时刚好进入学习状态，精力旺盛，就愿意顺着惯性继续学下去，毕竟此后多学一个单词都是额外的收获，心态完全不同，身心容易沉浸，不会顾虑什么时候才能完成任务。

这种策略的智慧之处在于规避了任务闭合需求，只要觉得有意思，你就可以一直学下去，直至自己觉得有些吃力。由于没有设置具体的上限，比起打卡模式，新策略的能动性要强很多，而且能动性还是可持续获取的。

除此之外，这种策略也极其符合刻意练习的原则——让自己始终处于舒适区的边缘。因为这么做，你每次都可以刚好学到有点难但又不是太难的程度，而打卡却必须面对一个固定的任务值，很容易让人觉得无趣或困难，从而放弃。

当然，这个策略不是我想出来的，而是从《微习惯》一书中获得的启示。作者斯蒂芬·盖斯为了养成好习惯，要求自己每天只做一个俯卧撑、每天只读一页书、每天只写 50 个字，这种无负担的习惯养成法最终促使他拥有了良好的身材，养成了阅读习惯，还写出了自己的书。他称这种方法简单到不可能失败。

我亲测有效，你也可以试试。

于学习而言，保持内在的动机最重要。但相比之下，保持动机

---

① 此处的目标任务仅为说明“设下限，不设上限”的方法。——编者注

这条路其实比打卡更难走。不过，做难事必有所得，因为它更接近成功的要求。当然，仅仅保持动机依然是不够的，想真正获得成功还要学会创造动机。

第六节

反馈：是时候告诉你什么是真正的学习了

《认知升级》[①]的作者刘传小时候有段神奇的学琴经历：他从零开始学电子琴到考上十级只用了两年时间，而同龄人取得这一成绩通常要 4~5 年。更神奇的是，直到考上十级，他都没有学习一点乐理知识，而他的老师也从来不让他学理论。那么他的老师究竟是怎么教的呢？

> 老师先示范左手，再示范右手，再合起来弹一遍，让我大概知道这一首曲子出来是什么样子。接下来一周我就要努力练成这样子，周末的时候验收。不通过，继续练，通过，再到下一首曲子。如此循环两年，最后练成的曲子直接达到十级。在学习过程当中，完全不接触音乐理论。

至今刘传依然非常感谢他的音乐启蒙老师。虽然不知道乐理，

① 此处指《认知升级：认知的深度决定你人生的高度》，中国友谊出版社，作者刘传。——编者注

但这并不影响他完整流畅地演奏给别人听，并由此收获即时的夸奖和赞扬。这种反馈会像海浪一样一遍遍冲击着信心这块沙滩，让他始终沉浸在弹琴的乐趣里。

反观现在，多少孩子因为要学习系统枯燥的理论而长期处于乏味的基础练习中——乐理、指法、音律、节拍……家长们要求孩子一遍一遍地练习，多半不是为了马上给他人表演，而是为了完成考级。由于长时间收不到外界的正向反馈，孩子们逐渐将学习视作内心抗拒但又不得不完成的任务。家长们投入了大量金钱，孩子们投入了大量时间，最终却不得不走上“从入门到放弃”之路。

对比二者不难发现：**是否有及时、持续的正向反馈，正是产生学习效果差异的关键。**

回到刘传学琴的经历。其实刘传有此成就一点也不神奇，因为我们每个人从小就是这样学会说话和走路的。没有人从学拼音规则、字母发音开始学习说话，也没有人从学力学原理、肌肉控制开始学习走路，我们只是不断地模仿和练习，直接去说、去走，从环境中持续获得反馈，体会乐趣，修正不足。最终，在不知道原理的情况下，我们就会说了，也会走了，而且做得还相当不错。

上天给了我们生命的同时，也赋予我们一个强大的学习方法，只是我们不知不觉地忘了它。自从有了文明和理性，人类的学习就逐渐转向了以原理、基础为导向的系统学习，这种方式看似高效，但往往过于注重输入和练习，忽视了输出和反馈，使学习过程变得痛苦、无趣。天下苦学久矣，是时候回归学习的本源了。

无反馈，不学习

现实生活中，大多数人往往缺少输出和反馈意识，虽然他们极其理性，甚至能以超越常人的毅力不断激励自己努力，但最终收获的仍然是痛苦和失败。

比如一名大二学生“无悔”曾告诉我，他每天从早学到晚，学 6 天休 1 天，如此付出，收获的却是无力和疲累；而另一位读者“傅琴”女士也说，为了应对生活危机，她不停地学习瑜伽、写作、肚皮舞、英语口语、绘画、茶道等各种技能，但内心始终得不到满足，感受不到自我价值。

所有处于类似困境中的学习者，无论是在校的还是在职的，无不认为只要自己努力地输入，不停地学，就一定能学有所成，然而现实总是令他们失望。他们似乎从来没有考虑过要尽快产出点什么，以换取反馈，通过另一种方式来激励自己。也许是因为在人造的学习体制内待久了，有些人很难相信“跳过原理，直接实操”的方式是有效的，他们认为这种方法不过是奇技淫巧，强大的毅力和认知才是学习的正道。

对于这种观点，脑科学家提出了不同的意见，在他们看来，持续的正向反馈才能真正激发本能脑和情绪脑的强大行动力。因为人类强大的本能脑和情绪脑虽然没有思维、短视愚笨，时常沉溺于游戏、手机、美食、懒觉……**但它们超强的欲望和情绪力量却是非常宝贵的行动力资源，如果能让它们感受到学习的乐趣，它们同样会展现强大的行动力，让自己像沉迷娱乐一样沉迷于学习。**

我们的理智脑虽然聪明、有远见，但它身单力薄，真的不适合亲自上阵，真正需要它做的，是运用聪明才智去制定策略，让本能脑和情绪脑不断接受强烈的正向反馈，愉悦地朝着目标一路狂奔（见图 5-10）。

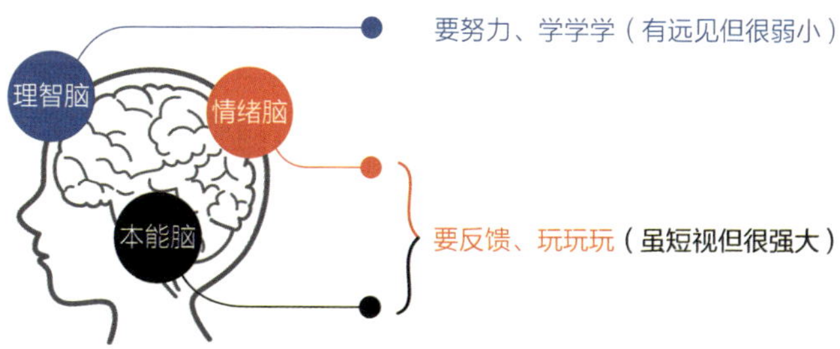

图 5-10　本能脑和情绪脑是学习的发动机

所以科学的学习策略是产出作品、获取反馈，驱动本能脑和情绪脑去“玩玩玩”，而不是一味地努力坚持，让理智脑苦苦地去“学学学”。这看起来很违反直觉，但它确实成为优劣学习者之间无形的分水岭。

有作品意识才有未来

有了这种认知，人是会迅速改变的——会拥有清晰而强烈的作品意识，会更加重视输出和运用，会倾心打磨作品，主动换取外界的反馈。

比如以前你学习英语可能会选择每日打卡的方式，但现在你可能会选择直接用：直接翻译一段美文、查询英文文档、阅读英文原版书，或者把手机语言设置成英文……这么做当然会造成一些困难，但为了解决问题，你必定会想办法补全相关知识，所以你的学习行为都能得到即时反馈：要么帮自己或他人解决了一个问题，要么产出了一个有价值的作品，这些反馈带给自己的必然是强烈的成就感和继续行动的欲望。

这也进一步完善了前一节关于打卡问题的思考：想创造全新的学习动机，就得放弃一味打卡输入的做法，想办法直接运用或产出作品，获取反馈。

所以凡是向我咨询类似问题的读者，我都会建议他们去产出点什么，要么去说、要么去写、要么去分享视频……总之不能一味地学学学而毫无产出，因为没有反馈的学习不仅是痛苦的，而且十有八九会失败。

说到这里，我想大家更能理解强者们常说的话了：

- 教是最好的学；
- 用是最好的学；
- 输出倒逼输入；
- 请用作品说话……

那些先行者确实都有相同的品质，他们在学习的时候经常不按常理出牌，不管是不是新知识、技能，他们都直接用、直接做。当然，一开始常常用不好、做不好，但他们肯定要“鼓捣”出一个东西，然后抛出去获取反馈，不断打磨迭代。

这真的是见效最快的学习方式！我在这两年的写作过程中体会得太深刻了。实不相瞒，我的电脑里有一个专门的文件夹是用来收藏读者留言截图的，这些截图都是大家对我的夸奖、肯定、表扬和赞赏。保留这些截图并非自恋、臭美，而是我深知这些反馈对自己行动力的影响实在是太重要了。每每看到这些留言截图，我都会动力十足，经常在电脑前一坐数小时而不知疲惫。我知道这就是在驱动情绪脑为自己工作，如果自己写的文章没有任何反馈，我真不敢保证仅凭意志力和长远的认知能走到现在。所以"锁定价值—打磨作品—换取反馈"正是我持续写作的真正策略和真实动力。

古典在《跃迁》一书中这样描述高手的破局战略：找到自己的高价值区—让自己成为某个领域的头部—再借助头部效应的系统推力，从一个小头部不断地向大头部移动，实现跃迁。而抢占头部最好的途径莫过于持续打磨高价值的作品，凭借作品换取反馈。

没有作品和作品意识，一切免谈。

自身改变，本身就是最大的反馈

当然，在成长初期，我们必定会在很长一段时间内收不到外界的正反馈。这个时候该怎么办？树立一个观念就好，那就是：**自身改变，本身就是最大的反馈。**

正如你用心写了一篇文章，即使发布后没有多少人看，但你通过这篇文章的思考和实践，已经让自己的生活发生了实际的改变，这本身不就是一种巨大的收获和反馈吗？如果持有这种态度，我们就能在暂时缺乏外界正反馈的情况下自我激励，欢快前行，始终把成长动机掌握在自己的手里，并最终等到大量正反馈到来的那一天。

所以，千万不要忘了做这件事本身的愉悦，不能一说反馈就只盯着外部看，否则我们很容易在起步阶段就失去动力，轻言放弃。

痛苦也是一种反馈

“产出作品，获得反馈”听起来很美好，但大家心里肯定有这样的顾虑：万一自己分享后收到的是批评或嘲笑该怎么办？如果自信心受到打击，那岂不是更糟？很多年轻人都有这种担心，不过只要想清楚下面三点，就不难迈出步子了。

首先，分享不是随意分享半成品，而是尽最大力气将作品打磨成自己当前能力范围内可完成的最好的样子。如果你只是随意地写些文字、拍些照片，那必定没有什么价值，人们自然不会产生兴趣并予以赞扬，所以，对待作品要像对待自己的孩子一样，每次出门前都要尽可能把它们打扮得漂亮精致，让人眼前一亮。这种要求必然会逼迫自己在能力舒适区边缘快速成长，因为这符合刻意练习的基本原则。

其次，制定分享策略，展示给那些能力不及你的人。只要你认真打磨了作品，就肯定有人会觉得你比他们厉害，此时，赞扬就会飞向你。而真正比你强的人往往没空打击你，所以你不必担心会被人嘲笑。

最后，冷静客观地对待打击。不排除你仍然会受到打击的情况，我也一样，偶尔也会收到一些读者的“攻击性留言”，此时，保持冷静、客观就很有必要了。如果对方除了情绪上的攻击再无其他内容，那你大可哈哈一笑，忽略就好了。这说明对方不但嫉妒你，还不如你，因为他没法拿出更好的作品或观点来回应，只会发泄情绪、肆意谩骂。在鸡蛋里挑骨头，这事谁不会呢？但如果对方的质疑中包含严谨的反证，能准确指出你的问题，那就要认真对待了，因为这些批评就是极佳的反馈，它们会帮助你把问题想得更清楚，让作品变得更完善。所以，在真正希望成长的人眼里，这样的批评哪里是打击，明明是不可多得的财富啊！

所有痛苦都是上天给我们的成长提示。无论是身体不适、情绪低落，还是学业落后、事业受挫，有痛苦出现，说明哪里出了问题，这不就是在告诉我们应该努力的方向吗？而很多人只知一味地沉浸在受挫的情绪里，惶惶不可终日，不但耽误了自己，也连累了他人。如果你的心态足够开放，就会感激生活中的痛苦和挫折，毕竟没有什么是比这更直接的反馈。

被动学习如何获取反馈

谈论这样的主题时，不得不考虑学生的感受。学生们通常认为，职场人有充足的自由时间可用来主动学习，而自己只能在有限时间内被动学习。被动学习不仅无法选择内容，而且课业负担很重，在这种场景下，“反馈策略”有用吗？面对这样的问题，我只想告诉你：完全不必担心，因为反馈同样是被动学习的制胜法宝。

据我所知，为了提高学习成绩，很多同学采用的方法往往是一遍一遍不停地学，结果不仅成绩提高有限，还感觉学得很机械、没有动力。很明显，这种单纯的输入式学习是低层次的勤奋，真正善于学习的同学往往会通过自我测试主动制造反馈。

他们背单词，不是一遍一遍地看，让所有单词都“看着眼熟”，而是合上书测试自己能否精确地说出含义、发音，并拼写出来；他们练听力，不指望每天重复听音频就能毫不费力地“熏耳朵”，而是回过头来对照原文，不断重听没听懂的地方。

对于背记理解类的学习，自我测试就是最好的反馈。哪里会、哪里不会，通过测试便立即掌握得清清楚楚，我们可以精准消灭盲点，让自己始终处在学习舒适区边缘。那种“翻开书全会，合上书全废”的无反馈式努力正是你被动、落后的根源。《学习之道》一书的作者芭芭拉·奥克利也曾明确指出：主动的回想测试是最好的学习方法之一，比坐在那儿被动地重读材料要好得多。

另外，学霸们的错题本也是学习反馈的最好呈现。他们通过测试把暴露的盲点集中在一起重点攻克，让自己始终游走在学习的拉伸区，自然进步最快。学霸之所以是学霸，不是因为天生如此，而是仰仗反馈，明确了盲点，从而比其他人领先那么一小步，而每一小步的领先都会让他们收获更多的赞扬和肯定，同学们觉得他们厉害，自己也认为自己是个“天才”。不知不觉间，“小的正向反馈”带来了“大的正向反馈”，他们的学习也进入了正向循环。

只是很多同学对错题本不以为意，要么不去写，要么写了不去看，要么去看时因为碰到痛苦而回避，转头回到舒适区里转悠。在没有让自己的情绪脑体会到学习的快感之前，我们总得先逼自己一把，对吧？

愿你从此不再平庸

我喜欢看电视剧《士兵突击》，尤其喜欢其中一个桥段。

许三多被分配到边远的五班看管油料，如果不出意外，他的军旅生涯就会波澜不惊地结束，然后退伍回家。但是愚直的许三多决定在营房前的空地上修路。这是一个毫无企图心的决定，却无意中创造了一个“作品”。这个“作品”在空旷的荒地上显得格外扎眼，竟引起了飞行员的注意，之后这个消息传到了首长耳朵里，许三多也受到了关注，从此开始了他的特种兵生涯。

这印证了古典的跃迁理论：打磨作品—到达一个小山的头部—受到更多关注—移动到一个更大山头的头部—借助系统推力，实现人生跃迁。

许三多秉性如此，却无意制造了反馈，但这个道理可以被有意地运用。从现在开始，请不要再默默无闻地独自耕耘了，不产出、不运用、不得到反馈，就算学一辈子也不会获得真正的成长和机遇。**真正的学习成长不是“努力，努力再努力”，而是“反馈，反馈再反馈”**，只有不断产出，获得反馈，我们的人生才会发生真正的变化。

就像剧中的薛林看到直升机在营区上空盘旋时，他疑惑地说了句：“我怎么觉着，咱们这个地方变重要了！”

也愿你从此变得更加重要，此生不再平庸！

特别说明

刘传的学琴理念，即跳过原理，直接实操的方式仅适用于学习的初级阶段。也就是说，采用这一方式，你快速达到60分的水平是可以的，但到了中级或高级阶段，仍然需要系统学习原理，否则走不远。

正如刘传坦言：“到了进阶水平，这种经验型的学习方法就暴露出了缺点。比如我的创作完全靠灵感，没有方法论，灵感只能靠等。再比如，我的大脑处理同一级和弦在不同调之间的迁移的能力很差，同样的和弦，换一组调我就不知道怎么弹了。”

不过，反馈的规律是贯穿始终的，无论什么时候，只要能通过产出换取反馈，你就会不自觉地去钻研探索。

第七节
休息：你没成功，可能是因为太刻苦了

一位“考研党”发来求救信号。

她说：“自从开始准备考研，我就拿出了前所未有的执着和毅力，天天只想着学习，连吃饭时都要听音频。前几个月更是天天五六点起床，但不知道是不是因为战线太长，我有些疲劳，到后面自制力反而不如前几个月。我有时候累了，觉得应该合理放松一下，结果瞄了几眼小说就又陷入失控状态，什么都不管不顾，没心思考虑任何事情。等缓过劲儿，发现已经过二四天了，白白浪费了时间，我又开始自责和焦虑。更不解的是，别的同学看书看累了，玩两局游戏就又能投人学习，而自己一放松就像跌入地狱一样……”

这个场景很熟悉吧？无论是在校学习，还是在职场打拼，我们都曾为了能名列前茅而自我打气、暗下决心，以为只要有超过常人的刻苦，就一定能成为老师和老板心中的骄傲，成为同学和同事眼中的榜样，于是拿出“头悬梁、锥刺骨”的精神，不闲聊、不娱乐、不浪费一点时间，哪怕精疲力竭也要强打精神再逼自己多学

一点。

但很多情况下，英雄式的开头却没有带来英雄式的结尾。在足足体验了一把痛苦的自虐后，我们不仅学习成绩提升不明显，甚至连信心都被磨灭了——这么努力居然还不行，大概自己天生不是学习的料吧！

事实上，如果你留心观察，无论在学校还是在职场，总有这种现象：一些人很刻苦，很勤奋，每天都很忙碌，但就是表现平平；而另一些人工作娱乐两不误，却表现优异，做任何事都游刃有余。这其中的原因肯定有很多，诸如学识基础、学习习惯、内在驱动，等等，但除此之外，刻苦程度这个角度也非常值得我们窥视一番，说不定这里别有洞天。

主动休息的秘密

你肯定记得“刻意练习四要素”：**定义明确的目标、极度的专注、有效的反馈、在拉伸区练习。**

有效学习的关键是保持极度专注，而非一味比拼毅力和耐心。不过，保持专注需要花费精力，而我们的精力是有限的，就像一桶水，有的人总量多些，有的人少些，但只要在困难的事情上消耗精力，精力桶的水位就会慢慢下降。

问题就出在这里，那些持续刻苦、争分夺秒、舍不得休息一下的人，他们的精力总量势必呈一条持续下降的曲线（见图 5-11）。

也就是说，他们起初状态很好、效率也很高，但精力一旦消耗到一定程度，比如 70% 以下的水平时，注意力就开始不自觉地涣散、思维速度放缓，如果精力继续消耗，学习效率就会进一步降低，很容易出现分心走神的情况。

但这种信号对于刻苦者来说，仿佛是在提示自己该让意志力出场了，毕竟身边人告诫过自己：学习和成长是要吃苦的，所以不能因为有点累就去休息，而应该用意志力让自己坚持下去——这不就是所谓的努力、刻苦吗？于是他们舍不得浪费一点时间，认为在痛苦中前行才是努力的表现，越痛苦、越坚持，越刻苦、越感动，因此，他们采取的策略也不可能是停下来休息，而是强迫自己更刻苦、更努力，做别人做不到的努力，即使昏昏欲睡，也要强打精神。

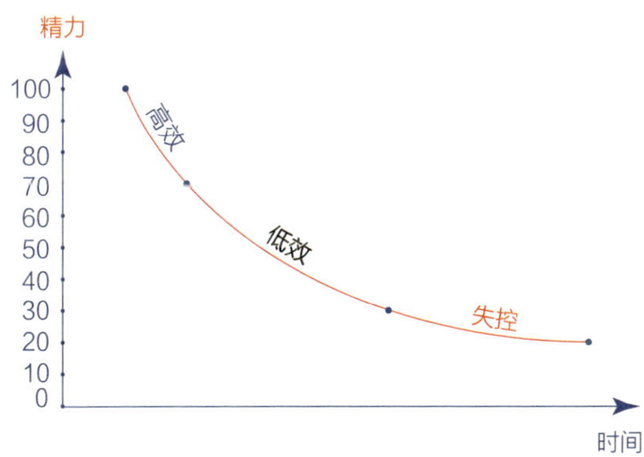

图 5-11　刻苦者的精力变化曲线

刻苦者看似无比勤奋，可效果却越来越差，过程中感受到的多是痛苦而不是乐趣，精力消耗严重，以致一旦放松就完全不想再次投入，他们更容易沉溺于舒适的娱乐活动。

反观那些轻松的学霸，他们学习时**从不过度消耗自己，只要感到精力不足，就停下来主动休息，这反而使他们精力桶的水位得到快速回升**。如图 5-12 所示，他们的精力曲线呈波浪状，这种循环能使精力水平一直保持在高位。

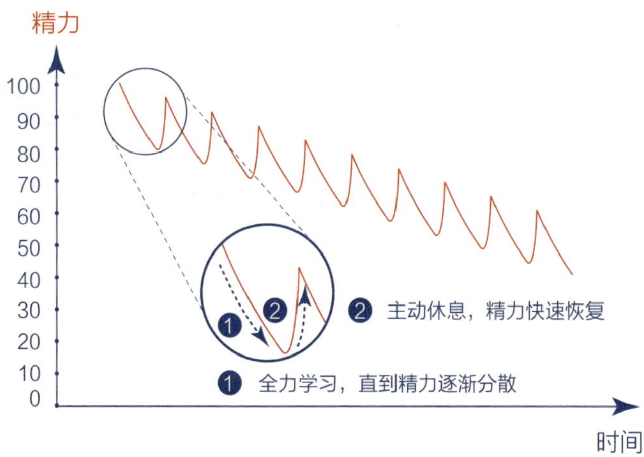

图 5-12　轻松者的精力变化曲线

如果我们把精力水平高于 70% 的区域视为高效学习区，那么对比二者不难发现，轻松者比刻苦者的高效学习区要大得多（见图 5-13）。

这个曲线足以说明“主动休息”的意义和优势，优势日积月累，一些人领先于另一些人就会成为必然。而领先的那些人居然还很轻松，这对崇尚刻苦的人来说，无疑是个让人惊愕的认知反转。

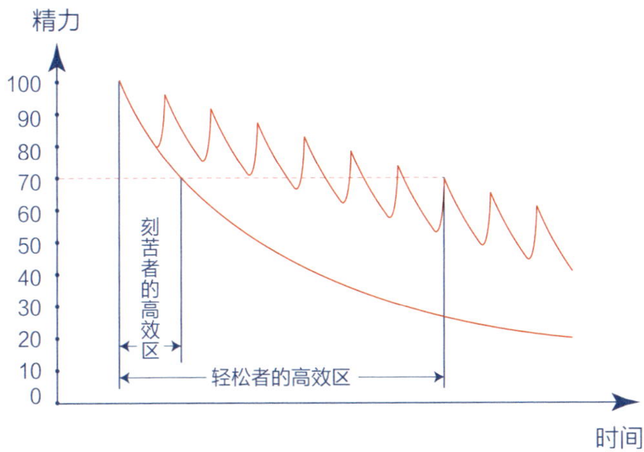

图 5-13　高效学习区对比

保持专注的危机

不难发现，高效学习的关键在于保持极度专注，而不是靠意志力苦苦支撑，谁能保持长时间的专注，谁就能够在竞争中胜出。然而专注这个品质在信息时代已日渐成为稀缺品质。

我曾在自己的公众号上做过一次关于“学习成长困惑”的在线调查，截稿前共收到338份答卷[①]，虽然参与调查的样本还不够丰富，但从调查结果中也能看出一些明显的趋势。

① 调查人群分布：在校学生 133 人，老师 18 人，家长 14 人，终身学习者 173 人。

比如得票最高的两个困惑是“经常沉浸在担忧、幻想、焦虑的情绪里”（168 票）和“总是分心走神，无法保持专注”（167 票）。这都是分心的表现。可见受分心走神困扰的人不在少数，保持极度专注已然成了一种稀缺能力。

虽然李大钊先生早就教导过我们：*要学就学个踏实，要玩就玩个痛快*。但是在那个年代，由于学习量和信息量都相对较少，人们更容易做到学习和玩耍各自专注、边界清晰。如今，人们面对大量的信息干扰和巨大的竞争压力，在这种情况下，大多数人只会本能地告诉自己要更刻苦、更努力，却很少有人能意识到，更科学的模式应该是：**极度专注＋主动休息，如此反复。**

毕竟保持专注并不能仅靠意志力约束，还要靠主动休息“回血”，只有精力充沛了，我们才能保持专注，所以如果你感到自己分心了就放下笔，没有睡意了就离开床。在生活中，最要不得的就是那种明明已经分心走神了，却还要强撑内耗，倒不如遵循“极度专注＋主动休息”的模式，让自己先尽力保持短时间的极度专注，到有些累的时候就主动停下来，这是更加明智的生活和学习策略。

这种策略也极其符合在拉伸区练习的原则，因为一个人刚好感到有些累时，说明他正好处在精力舒适区边缘，此时主动休息、及时回血，就能使精力的使用效率最大化。那些靠意志力强撑又不够专注的人，其实已经将自己置身于精力的困难区，所以他们体验到的多是痛苦而非愉悦（见图 5-14）。

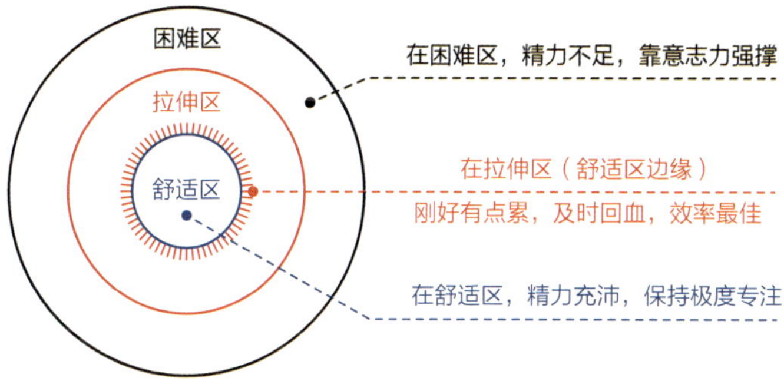

图 5-14　在拉伸区练习，专注效率最佳

说到学习的拉伸区，不得不提一下，控制学习和工作内容的难度也是保证专注的重要方式，因为太容易的内容会让人因无聊而走神，太困难的内容会让人因畏惧而逃避，所以选择做那些“跳一跳就能够得着”的学习或工作，是最容易进入专注状态的（见图 5-15）。

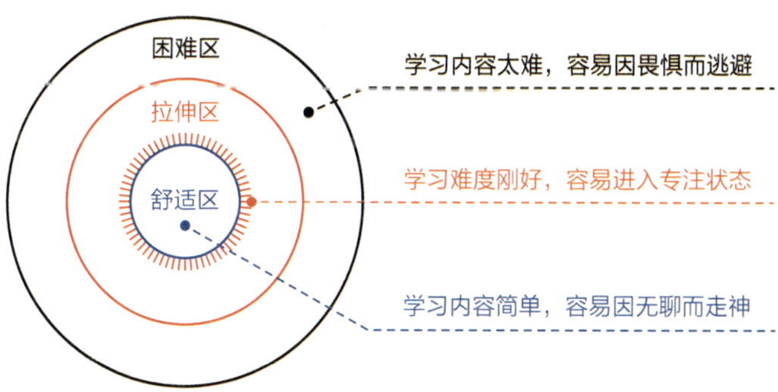

图 5-15　将学习难度控制在拉伸区范围内

当然，有人会反问：现实生活中哪有这么多“刚好的事情”，

难道在面对老师和老板时，自己还能挑三拣四？其实这并不难办：要么重新设定学习内容，调整为合适的难度，要么将目标拆解为更具体的小目标，降低工作的难度，总之，想办法把难度控制在拉伸区范围内就对了。不管面对多么棘手的任务，只要我们愿意动脑筋，总能找到主动调整的空间。

意志失控的根源

但为什么一些同学在娱乐之后能立即投入学习，且毫不恋战，而另一些人一放松意志力就会溃散呢？原因还是精力不足。

精力，在某种程度上可以作为意志力的代名词。精力充沛时，人们面对困难会无所畏惧，面对诱惑也有更强的抵抗力，但当精力不足时，我们不仅难以面对困难，甚至对诱惑的抵抗能力也会变弱，**毕竟克服困难和抵制诱惑都需要消耗意志力。**

也难怪，当我们忙了一整天，精疲力竭地回到家中，第一件事情往往是往沙发上一倒，此时除了看看微信、刷刷抖音，用轻松的信息给自己来个精神按摩，其他事都懒得做，如果经历了情绪上的波动，精力透支的影响可能会持续很久。

所以，一个真正的自控高手，不是一个只知道冲刺的人，而是一个善于主动休息、保持平衡的人。这些人无论面对精力的消耗与恢复，还是面对情绪的波动与还原，都会刻意保持高位富足的状态，避免进入低位稀缺的境地。越是接近一天的尾声，我们就越要注意自己的精力和情绪水平，毕竟我们还要抵制一些诱惑，防止自己不小心滑入深渊呢。

能拯救你的“番茄”

很多人都希望自己有极度专注的能力，但说实话，这种能力并不是想有就能有的，要不然怎么说它是稀缺能力呢？造就专注品质，涉及一个人的生活环境、兴趣匹配、自身动力、学识背景、习惯积累等各种因素。那么，缺少这些条件的普通大众又该如何获取极度专注的能力呢？

一个简单又通用的方法正是前文说的主动培养“极度专注＋主动休息”的行为模式。具体的做法就是：**只要开始学习或工作，就尽量保持极度专注的状态，哪怕保持专注的时间很短也是有意义的；一旦发现自己开始因为精力不足而分心走神，就主动停下来调整片刻。**

当然辅助工具也是有的。在时间管理领域，有一个著名的番茄工作法，它由意大利人弗朗西斯科·西里洛创立于 1992 年，其核心就是：先极其专注地工作 25 分钟，然后休息 5 分钟，如此循环往复。这种工作法有点类似于高强度间歇性训练。

其实我很早之前就知道这个番茄工作法，但一直对它带有偏见：一是认为这种严卡时间的做法太死板，我们总不能在做得正起劲的时候主动停下来吧？二是实际应用中肯定会有各种干扰，定时工作的做法不太现实。

然而，就在我想通“主动休息”这个原理的瞬间，脑海里第一个闪过的念头竟是番茄工作法，因为它符合学霸模式的所有特征：**极度专注、主动休息、循环往复。**

为了了解这部分内容，我特意学习了国内时间管理达人李参博客中介绍的方法，还购买了她推荐的专业番茄钟来实践体验。说实话，这个方法和工具真的很棒！每次开始阅读和写作时，我只要按下计时键就不再管时间，让自己完全专注地投入其中，直至 25 分钟过去后提示音响起，中途除非有极特殊的事情需要中断，否则我会将其余事情全放到一边，等专注时间结束后再处理。时间一到，我会立即合上书本或让双手马上离开键盘，然后开始 5 分钟的休息计时。在这 5 分钟里，我会做与阅读或写作无关的事情，比如：看看窗外、收收衣服、拆拆包裹，等等，但刷手机、玩游戏这些被动使用注意力的事情我不推荐，因为它们仍然是消耗精力的。

通过一段时间的练习，我发现自己的学习耐力比原先高了很多，工作和学习的效能也有显著的提升，关键是到了晚间，我也能积极地安排时间，很少沉迷于娱乐信息。

当然，25 分钟只是一个参考标准，我们可以根据自己的思维耐力来设定工作时段，有的人可以集中精力半小时，而有的人也许只能集中 15 分钟，只要到达了自己的疲劳边缘，就可以主动停下来。（一项对时间记录应用程序数据的分析发现，工作效率高的人平均工作时间为 52 分钟，休息时间为 17 分钟（学习时间长，休息时间也应相应延长)。可见，番茄工作法的时间长短是可以根据个人实际情况灵活调整的，但有一个关键点不能忽略——这些超级工作者在工作时专心致志；而他们在休息时，也真的是在休息。)

所以当我们需要“主动停止”的时候，这个动作一定要坚决。很多人在一开始的时候，由于精力分散得还不明显，就不愿意主动停下来，但这往往会得不偿失。主动休息犹如主动喝水，当感到很渴的时候再喝水，其实已经晚了，你想让精力保持高位，就要学会主动停下来，这甚至可以作为一个关键点。

另外，很多人在学习和工作中都不具备不受打扰的理想条件，但只要坚持“极度专注 + 主动休息”的模式，效果也会让你满意。不管你能工作几分钟，只要开始了，就尽力保持专注，把无关的事情都放在一边。

刻苦，是一种宏观态度，轻松，是一种微观智慧。在学习这件事上，普通人的策略往往是“天赋不够，刻苦来凑”。好在我们已经知道学习的秘密不完全在于刻苦，还在于“会玩”，希望你在今后的学习成长中也能玩出水平，玩出风格，成为他人眼中的学霸。

第六章

行动力

——没有行动，世界只是个概念

第一节

清晰：一个观念，重构你的行动力

时常有人夸我行动力强，说我在这个年纪，还能克服惰性、抵制诱惑，在大家都熬夜、刷手机的时候坚持早起锻炼、读书写作，甚是难得，并得出结论：周岭是个自制力很强的人。

不不不，这完全是表象！事实上，我的自制力一点也不强，我甚至认为自己喜欢舒适、简单、新奇、有趣的天性比一般人更强。即使是现在，一旦看起手机信息，我也不敢保证能全身而退，更别提以前了。

曾几何时，我也成天玩游戏，成宿刷微博，被一个个热点不断牵引，心里根本没有成长的念头。每天醒来做的第一件事就是拿手机，并总指望着在舒适的状态下开始一天的工作，结果总在琐事中虚度时光。尤其是在完全自主的时间里，我发现自己几乎什么也做不了——明知道有更重要的事要做，但脑子里总有个声音在告诉自己先去找点乐子。整个人浑浑噩噩的，就像一条无人掌舵的小船在生活的洪流里随波逐流，根本无力掌控方向。

终于有一天，在极度自责之后，我决心奋起自救。当时想到的最好的办法是培养强大的自制力，我认为只要有了自制力，就一定能改变现状。我尝试了很多方法，均无功而返——人的惰性实在是太强大了！

在经历了无数次的失败之后，我终于发现与天性对抗是没有出路的，也隐约感觉到自制力强并不代表行动力强。在随后的探索中，这个猜想逐渐得到证实：真正的行动力并不完全来源于自制力。明白了这一点后，我开始用新的机制重构行动力，慢慢地蜕变成了另一个自己。

珍惜每天的礼物

或许你并没有意识到，每天早上醒来，我们都会收到一份礼物——纯净的注意力。不管你昨天经历了什么，经过一晚的睡眠，你的精力总会得以“重启”。然而很多人并不把这当回事，在一天开始的时候，一头扎进手机信息或是自己觉得有趣的事情中，然后迷失其中。这好比把这份珍贵的礼物直接摔在了地上，长此以往，自然就得不到命运的眷顾了。

为什么这么说？因为生命是个复杂的系统，好坏自有其运行之道。《系统之美》一书的作者德内拉·梅多斯告诉我们，世界上有一个底层的系统规律叫“增强回路”，它的发生就好比两个孩子发生了争执，一个人打了一拳，另一个人就更用力地踢一脚，他们每一次的反应都会强化矛盾，升级暴力。**注意力的使用同样遵循这**

个规律，最初的选择会影响行为自动增强的方向。

比如，如果我们起床后做的第一件事是看手机信息，那我们的注意力就很可能被有趣的消息、好玩的视频、吸引眼球的标题一路吸引过去，每一次点击都会让人产生更强烈的点击欲望，回路不断增强，注意力呈无限分散的状态。同时，情绪一旦适应了轻松有趣的状态，便会期待获取更多轻松有趣的信息，这样又形成了一个情绪增强回路。一天才刚开始，注意力和情绪就受到了影响，面对困难、枯燥的工作时，就不容易进入状态了（见图 6-1）。

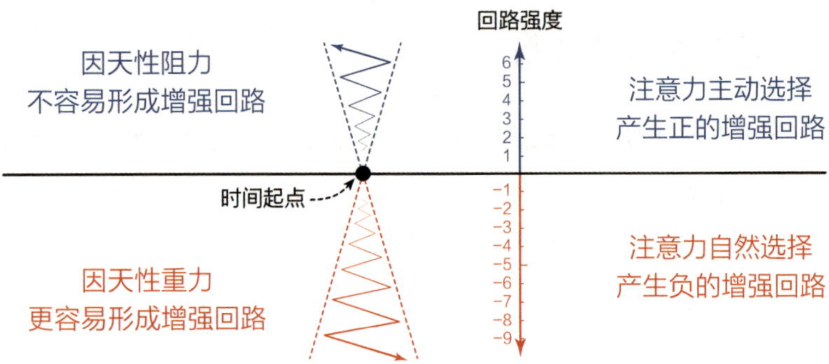

图 6-1　注意力的增强回路

但反过来，我们也可能进入另外一种状态。如果起床后我们能刻意避开轻松和娱乐的吸引，先去读书、锻炼，或者做些重要的工作，精力就会呈聚合状态，并自动增强。比如起床后先去锻炼，就能让自己头脑清晰、精力充沛，在这种状态下做重要的工作就会非常顺利，工作越顺利，状态就越好，回路逐渐增强；再比如早起后先去阅读，读得越多，脑子里的问题和感触就越多，反过来又会产生更强烈的阅读欲望，回路逐渐增强。行动回路一旦增强，我们就会进入高效和充实的状态，此时我们哪还有精力去关注那些可看可不看的消息呢？**注意力的增强回路是正向的还是负向的，很大程度上取决于你最初的选择**，这也是老生常谈的道理：要事第一！

当然，启示还不止这些，如图 6-2 所示，**在增强回路的起点，做出有利选择所消耗的自制力是最小的，如果等负的增强回路形成，再想改变就难喽**！

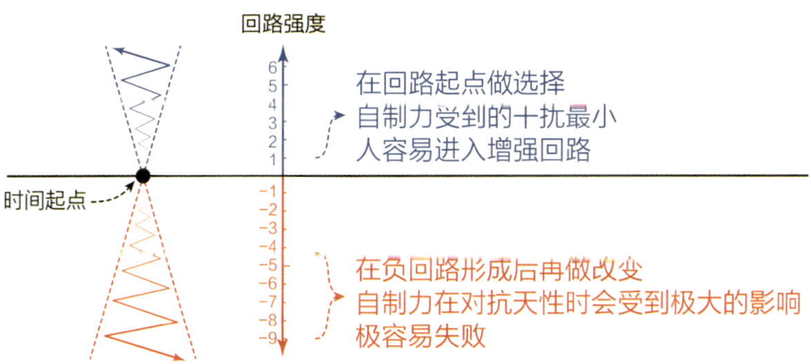

图 6-2　在增强回路起点做选择难度最小

好比你沉迷抖音已久、各路消息回复不迭的时候，再想心无杂念地工作学习怕是没那么容易了！所以，好钢要用在刀刃上，**在初始阶段，强迫自己先做重要的事情，一旦进入正向的增强回路，你便能拥有强大的行动力和专注力**。事实上，这也是增强自制力、提升行动力的秘密，且这个秘密适用于所有人。

我之所以敢说这个秘密适用于所有人，并不是为了凭空鼓动你的热情，而是这个秘密背后有严谨科学的研究支撑。科学家发现，我们做一件事的“热情”或“干劲儿”是由人脑中的伏隔核等部位产生的。伏隔核的位置接近人脑中心，它的尺寸非常小，直径不到1厘米，但它有一个非常显著的特点：**慢热**。

换句话说，**唤醒伏隔核需要一定时间，它需要一定程度的刺激才能活跃起来**。这也是为什么有时候你并不愿意整理房间，但只要开始了往往就会停不下来，而且一定要把房间弄得非常整洁才愿意罢手。德国精神病学家埃米尔·克雷佩林称这种现象为“行动兴奋”——即一旦开始行动，状态就会渐入佳境，注意力也能集中了。

伏隔核的这种特性导致我们的情绪比行动总是要慢半拍，因此如果你想养成“要事第一”的习惯，**只需简单粗暴地先逼迫自己做上10分钟就好**！正如你想学习，那就先坐到书桌前不间断地学习10分钟，一旦脑中的伏隔核活跃了起来，你就不容易停下来了。

很多时候，**我们总想等情绪状态好了再去行动，殊不知直接行动也可以调动情绪。所以在开始的时候先逼迫一下自己并不是盲目使蛮力，而是一种有效的行动策略，因为情绪总是飘忽不定的，但行动我们却可以主动掌控。**

清晰力才是行动力

仅仅知道这个道理还不够，毕竟知道的人很多，但真正能够做到的人却很少。就像你明明准备第二天早起锻炼、读书或是做重要的工作，然而醒来后还是鬼使神差地拿起了手机——群消息、朋友圈、公众号、抖音、今日头条……一眨眼，半个小时过去了，你还躺在床上。实在没什么新鲜事了，还要把 App 再点开一次，看看有没有什么惊喜，等到刺激消耗殆尽，无聊渗透全身，再漫不经心地起床，此时的你精神萎靡，内心只希望用更多刺激来填补空虚，哪还有心思去做重要的事呢？

知道和做到相差十万八千里，这其中的差距到底在哪里呢？

答案正是前文所说的“模糊”。

如果没有猜错，你脑中所谓的“重要事情”，也许就是关于锻炼、读书或是做某项重要工作的一个大致想法，你并没有想清楚明天起床后是去跑步还是阅读，即使想清楚自己要干什么了，也不确定要去哪里跑，跑几公里，跑多长时间，穿哪套衣服，万一天气不好怎么办；不知道到底要读哪本书，从哪里开始，读多长时间；也不知道具体要做重要工作的哪个部分，需要准备什么工具，需要什么素材，等等。**一切都只知道个大概，这对提升行动力来说，是很致命的。**

所以，仅仅知道要事第一是不够的，我们还需要拥有另外一种能力：**清晰力，也就是把目标细化、具体化的能力——行动力只有在清晰力的支撑下才能得到重构。**

一招建立清晰力

知道了以上内容，我们的脑子似乎清楚了很多，但似乎还是无从下手，不过不用担心，清晰力的建立并不复杂，做到这三个字就可以实现：**写下来。**

是的，只要写下来就好。图 6-3 是我的“笨”方法，供参考。

第一步：找一本普通的 A5 卡面抄，将纸页对折；

第二步：在上方写下当天所有要做的事，然后清空大脑，按权重将列出的事项标上序号，这样，目标就变得清晰可见；

第三步：收集一切可用信息，在页面左侧预测性地写下在某一时间段做什么，然后在底部统计“计划学习时间”和“可用学习时间”，这样，时间也变得清晰了；

第四步：在页面右侧记录当天的实施情况，一天过后，对学习时间和学习成果进行统计，时间利用效率便一目了然。

整个页面分为以下 4 个部分，呈现“工”字形。

（1）待办事项

（2）计划完成

（3）实际完成

（4）随写备注

这一方法几乎包含了时间管理手账的主要高频功能，而且这种手账可以随意写画，比如备注区可以随时记录灵感或信息，用完即弃，不用花精力在手账的形式上，时间和经济成本都非常低廉。

如图 6-4 所示，从 2017 年 2 月开始使用到截稿前，我快用完 9

1
日期
星期
第一步：
选择一本普通的A5卡面抄
并沿中线对折
2
日期 2018.8.2
星期 四
第二步：
写下当天所有的事情清单
并按权重标上序号
事件清单有助于清空大脑
目标变得非常清晰
3
第三步：
尽可能根据一切可用信息，
写下日程的具体时间段，提
高自己的预测能力
将可用的学习或提升时间统
计出来，瞬间变得心中有数
4
使用后全景
待办事项
计划完成
实际完成
随写备注

图 6-3 日程规划

个本子了。通过持续的规划和记录，我对自由时间的掌控变得越来越强。我能够主动约束自己，我总知道下一步要做什么、什么事情最重要，即使不小心被各类消息牵绊，也能在自我提醒下快速跳出来，这一切得益于清晰力。

我曾把这个方法告诉过很多人，但大多数人并不愿意真正去做，一来他们觉得这种方法太老土，二来他们认为这点事用脑袋想想就可以了，写出来完全多此一举。而现实往往是：不行动，就体会不到这种方法的好处，体会不到好处自然也就觉得这种方法没什么用，所以，只有真正做过的人才能体会到**写与不写，完全不同。**很多时候，人与人之间真正的差距可能就体现在最后那一点点行动上。

图 6-4 我用过的卡面抄

2019 年 5 月 6 日，读者“Amy 曹”发来反馈，她说：“我把每天要完成的事情认真地写下来，效果还真不错。以前虽然知道这个方法，但并不重视，没有认真写过计划，但是 2019 年 5 月 1 日之后，我开始认真对待这件事，发现这样做事情很有控制感，而且不用老是着急、害怕、担心完不成，即使中途会调整计划，但大方向始终在自己的掌控之中。”

“写下来”就是有这样神奇的效果，因为“写下来”会清空我们的工作记忆。当我们把头脑中所有的想法和念头全部倒出来后，脑子就会瞬间变得清晰，同时，所有的想法都变得清晰且确定，这样一来，我们就进入了一种“没得选”的状态，在过程中不需要花脑力去思考或做选择。

行动力最怕模糊，如果我们的头脑中一直有很多模糊的选项存在，我们就需要花心力不断做选择，而做选择是一件非常耗脑力的事情。我们的大脑有可能为了省点力气，而不自觉地选择那个它最熟悉、最确定的选项——做那些轻松、愉快但不重要的事情。

除此之外，人们通常还会有这样的疑问：把计划做得这么僵硬，会不会让自己变得很死板？事实上并不会，**因为做规划的目的并不是让自己严格地按计划执行，而只是让自己心中有数。**如果当天计划有变也没关系，有了这份预案，你能够在处理完临时任务后，把自己迅速拉回正轨，但如果没有这份预案，你极有可能在目标和时间都模糊的情况下选择娱乐消遣。所以，做规划十分有效，平时遇到干扰只要及时调整计划就好了。

这种形式特别适合自由时间比较多的人，也适合在室内办公的人，如果你需要时常在外面跑动，则可以灵活借鉴，通过其他方式清楚目标。我喜欢在头天晚上睡前留出 10 分钟来做这件事，第二天早上再拿几分钟回顾，工作过程中不时地查看、调整。

一天 24 小时，在开始的时候多花点时间想清楚什么任务是最重要的，并提醒自己投身于此，这样，工作效率之高会超乎想象。

成长是个系统工程

至此，认知和方法都清晰了，你可能为此欣喜不已，但我依旧要提醒你：不要把这一方法视作救命稻草。行动力的提升不能单纯指望“要事第一”或是“提高清晰力”这样的单一方面，因为成长是一个系统工程，必然是多要素共同作用的结果。比如一个人若是缺少人生目标，那么一味追求行动力无异于缘木求鱼。

从某种程度上说，有自己热爱的事，比行动力本身要重要得多，因为一旦有了热情，你就会自带“要事第一”和“提高清晰力”等各种属性。所以除了清晰力，我们还需要拥有寻找目标的感知力、掌控自由的匹配力、指导万物的元认知能力，等等，把它们联系起来，才能从内心深处真正地提升自己。

一切源于“想清楚”

你陷入怠惰、懒散、空虚的情绪中动弹不得时，往往是因为你

的大脑处于模糊状态。大脑要么不清楚自己想要什么；要么同时想做的事太多，无法确定最想实现的目标是什么；要么知道目标，但没想好具体要在什么时候以什么方式去实现。

不管你处在什么状态下，只要拿出笔和纸，写下目标、写下时间，你的元认知能力就能迅速提升，你就会动力满满。归结起来还是那句话：认知越清晰，行动越坚定。

正如爱因斯坦所说："如果给我 1 小时解答一道决定我生死的问题，我会花 55 分钟弄清楚这道题到底在问什么。一旦清楚它到底在问什么，剩下的 5 分钟足够回答这个问题。"

聪明的思考者都知道"想清楚"才是一切的关键，在"想清楚"这件事上，他们比任何人都愿意花时间，而普通人似乎正好相反，喜欢一头扎进生活的细节洪流中，随波逐流，因为这样似乎毫不费力。于是在普通人眼里是"知易行难"，而在聪明人眼里是"知难行易"，这一点值得我们反思。

我相信，你若真的想清楚了，就会主动实践，重构自己的行动力。相信我，一旦做到了，那感觉真的不一样！

第二节

“傻瓜”：这个世界会奖励那些不计得失的“傻瓜”

我一直在想，一个人开始斩断幻想、踏实行动的起点在哪里？想来想去，我得到一个不可思议但又在情理之中的答案：大概是因为我们有幸做了一次“傻瓜”……

我敢打赌，凡是买了一堆书没读、报了一堆课没上、心中有无数欲望的人，几乎没有主动做成过一件事，比如养成早起、跑步、阅读的习惯，练就写作、画画的技能，考个好成绩，开个好公司，有高收入，等等。这个判断是我基于很多人的经历做出的。

当然，我非赌徒，深知凡事都有例外，平时很少说绝对的话，之所以用“打赌”开场，只是希望引起你的注意和思考，而非争论。毕竟，现实中有太多人终日心怀变好的愿望，四处探索努力，结果不仅毫无起色，甚至徒增很多焦虑。

我知道这一切是怎么回事，因为自己有过这种经历。在那个时候，我心里始终萦绕着两个念头：一是凡事必须在看到明确的结果后才行动，如果前景不确定、不明朗，即使别人说得再有道理，我也不愿意投入；二是如果一个道理或方法不能让自己快速发生变化，就不是最优的，所以要不断寻找，这样才有希望找到最好的方法。

当时觉得自己能这么想还挺聪明的，现在回头看，发现自己是精明过了头。这种精明让自己在成长的路上遇到了阻碍，就像一道无形的门槛把我挡在了成长的门外，怎么也跨不过去。

直到有一天，我无意中打破了障碍，径直地跨了过去。然后，一切开始改变了……

成长中的悖论

2016 年 9 月，我在“得到”App 上订阅了李笑来的《财富自由之路》专栏，按照他“只字不差”的阅读要求，我竟鬼使神差地做了一个决定：把文章全部用键盘重敲一遍，包括文后重要的留言。一年 52 周，每周 4 天，每天约 2 小时，我就这样“读”完了这些内容。

此前，我从来没有这样用心“读”过“一本书”。如此践行，我极度认真地思考了维度、价值、复利、耐心、元认知、刚需等一系列重要的概念，以及对写作的认知。

2017 年 2 月，我读了成甲的《好好学习》一书，对书中“每日反思”的做法很受触动，于是开始实践。我写着写着，竟一口气写了 160 天，然后很自然地萌生了写公众号的念头，便于这一年 7 月开通了公众号“清脑”，因为这 160 天的每日反思，我认认真真地审视了自己的状态和目标，也切切实实地体会到写作给自己带来的好处。这个习惯保持至今，截稿前，反思文章超过了 1000 篇。猛然回头，自己竟然写出了人生中的第一本书。

一次是傻傻地敲键盘，一次是傻傻地写文章，我看到了创造文字的好处，进而主动做成了这件事。而以前的我爱要一点小聪明，总希望能先看到结果再行动，反而浪费了很多时间。

这真是一个成长中的悖论：**想先看到结果再行动的人往往无法看到结果**。要小聪明的人会因为结果不明朗，担心付出没有回报，所以不愿行动，以致永远停留在原地（见图 6-5）。

图 6-5　距离太远，看不清目标

事实上，只要道理正确，就别在乎那些小聪明，带着不计得失的心态向前走，你会发现目标越来越清晰（见图 6-6）。

图 6-6　走近了就能看清目标

道理其实很简单，但我们有时就是对它视而不见。这倒不是说我们不明白这个道理，而是在行动前后，我们看待这个世界的视角是不同的。在能主动做成一件事之前，我们眼里的世界是二维的、扁平的。然而在能主动做成一件事情之后，我们就能够从侧视的角度，看到三维的、立体的世界，注意到人与人在认知水平上的差别。

在立体的世界里，处于高层次的人和处于低层次的人对同一个问题的态度往往有天壤之别，比如《刻意学习》一书是这样描述的。

> 你觉得学英语没用，是因为你看不到生活中有需要英语的地方。只有英语学好了，和英语有关的机会才会慢慢地出现在你的周围。你觉得学历没用，是因为你根本不知道学习对你的生活轨迹能带来多少改变，你只是基于当时的场景，认为自己手里只是额外多了一张纸。你觉得锻炼身体没有用，正是因为你不去运动，所以感受不到它的价值……

没错，这个世界是有认知层次的。处在下一个认知层次的人往往看不到上一个认知层次的风景，因而只能用狭隘的视角来判断：这些东西虽然很有道理，但似乎看起来并没有什么用。

这些东西在他们眼里确实没什么用，因为人们无法证明一件没有发生过的事。想要打破这个悖论，只有让自己行动起来，将认知提升到更高的层次，才能做出不同的判断。

我此前一直强调“想清楚”的重要性，但当我们绞尽脑汁去想却仍然想不清楚的时候，就要依据前人的假设先行动起来，只有这样，我们才能更接近目标的本质，才能想得更清楚。

很多人总是希望先找到自己的人生目标再行动，事实上，如果不行动，我们可能永远也找不到自己的人生目标，毕竟依靠低维度的认知和经历，我们很难看清自己真正想要什么。只有先依据前人的假设走到更高的层次，人生目标才可能慢慢浮现。

思考很重要，但光想不做，贻害无穷。

事实上，你只要做上一次就会发现：做成一件事真的很不容易。

这揭示了又一个悖论：当自己从来没有主动做成过一件事情的时候，总会以为做成一件事很容易，于是生出很多不切实际的欲望和想法，而欲望越多，就越做不成事（见图 6-7）。

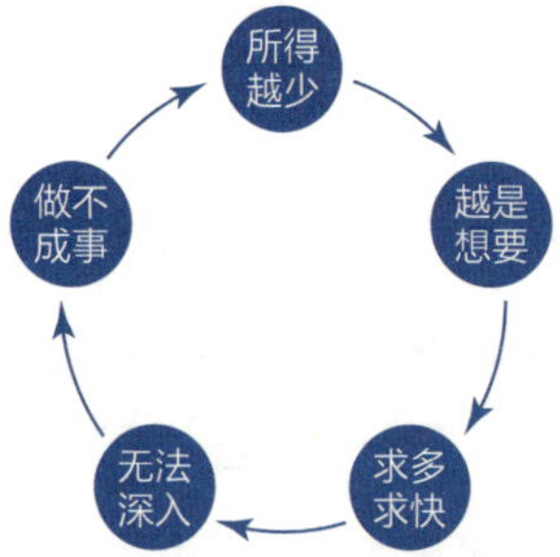

图 6-7 **“做到”和“想要”的怪圈**

反过来说，只有当我们真正做成一件事之后，才会知道自己能做的事情其实很少，这样就不会想要那么多了，而欲望一少，焦虑消散，我们反而能更专心地做好手头的事情。

凡事看结果。当你从现实结果中得到成长的真相时，什么“学习焦虑”“三分钟热度”“知而不行”就都不算事了。你会主动斩断幻想、专注一点、静心行动，因为除此之外，别无他法。

不要垂涎别人二十多岁就身家百万，不要羡慕别人一夜成名，他们的故事若无法真实地改变你，那对你而言都是幻想。还不如踏踏实实地用行动让自己一点一点变好，毕竟，**现实结果才是最好的“评判师”**。

突破阈值

打破这些悖论的方法就是不计得失地先行动起来。有些人并不完全同意这些观点，因为他们行动后依然看不清结果、体验不到好处、消除不了欲望。

如果是这样，我想你有必要先审视一下自己的行动量，看它是否突破了发生改变的阈值。因为付出的努力必须达到某种程度才能影响一个体系，而努力程度低于这个阈值时，你的行动就会收效甚微。

比如广告行业就存在阈值效应：广告投放不足时不会产生多少效果，要让受众对广告做出回应，就必须让广告投放量超过阈值。

我们在行动时也应如此，我们要专注、要持续行动，直到突破阈值，这样才能看到更高层次的风景（见图 6-8）。

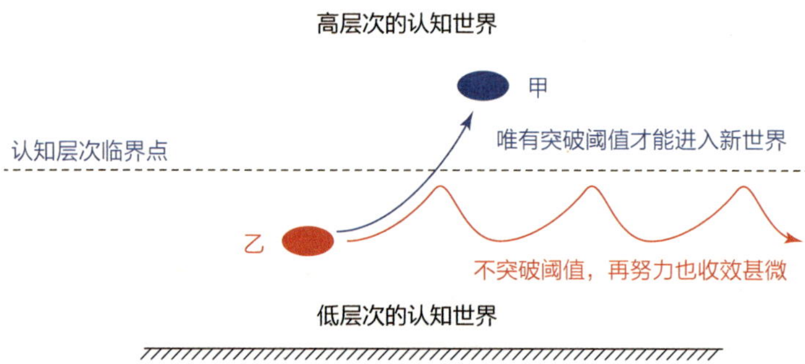

图 6-8　行动量需要突破阈值

我在这方面体会颇深。如果我想养成一个习惯，通常不会以 21 天为标准，而是要求自己至少做半年。我相信一件事情要是能被持续做 180 天，它就会成为习惯。

比如我开始早起和跑步的时候，起初是有一些痛苦的，但扛过去之后，我就体会到了早起和跑步给自己身心带来的不可思议的体验。回头想，最难坚持的时候可能就是突破阈值的时候，幸好自己当时没有放弃。从那以后，要是哪天没有早起跑步，我反而会觉得难受。我知道，当自己停不下来的时候，表示已经突破了阈值，上升到了一个新的层次。

用同样的路径，我养成了阅读、写作，以及每日反思的习惯。

做一个有理有据的“傻瓜”

之所以在“傻瓜”这两个字上加上引号，是因为我并不认为这样的人真的傻，有时反而是一种聪明，这里的“傻”，并不是盲目和冲动，而是有原理、有依据的坚定。

行动力强，是因为自己赞同行动背后的原理、依据和意义，而不是别人说做这个好，自己不深入了解就跟风去做，那才是真的傻。

换句话说，**如果你觉得别人讲的道理有理有据，而自己暂时无法反驳，碰巧自己又非常想做这件事，那就相信他们说的是对的，然后笃定地行动**（见图 6-9）。

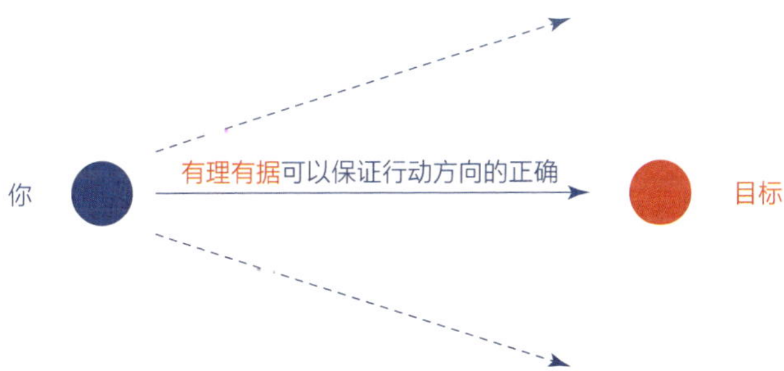

图 6-9　有理有据的假设是一切进步的开始

在实践途中，你自然也要保持思考，用行动反复验证他们的理论，**不适则改、适则用**，直到自己真正做到为止。届时你不仅能做成那件事，还能探索出自己的理论，成为别人眼中的高手。

当然，即便只是践行一个小小的理论，坚定的人也会有更多收获。比如我告诉过不少读者如何在舒适区边缘提升自己，多数人听后觉得很有道理却并不行动，而读者“如如大王”却严格执行了这些方法论，结果她用了两周的时间就把钢琴考试的节拍速度从 160 提到 192，一扫考前焦虑的情绪。

再比如我在第五章提到了如何利用番茄钟进行主动休息，很多人频频点头，表示很有道理，却没有真正行动、体验，反倒是一位妈妈看到后立即让孩子用了起来，结果孩子发生了很大的改变。她说：“国庆假期用番茄工作法指导孩子假期学习非常有效。他自己设置闹钟，自己学习，自己休息，有时候只用 2 小时就完成了全部的作业，从此写作业时家里不再上演‘父子大战’。孩子有了更多的游戏时间，但在学习时也保持着极高的专注度。孩子这几天的变化真是太大了！”

同样的道理摆在面前，有的人觉得那是鸡汤，没什么用，而有的人却觉得那是干货，好用得不得了。如果你能够持续行动，我相信，这个世界一定会特别偏爱你。

第三节

行动："道理都懂，就是不做"怎么破解

细数这世上的难事，"知行合一"肯定算一条。

有太多人想不通为什么自己"懂得那么多道理，却依然过不好一生"。这种困惑来得如此自然，以至于每个人在成长路上都会不可避免地遇到。

有些人走出来了，有的人却始终困在里面。走出来的人看得透亮，而困在里面的人百思不得其解——为什么付出再多的心血也无法达成一次持续的行动？在他们心里，始终有这样一种执念：自己现在不做是因为还没有找到最好的方法，等找到那个方法以后，一切就会变得不一样。于是他们在寻找、搜集道理的路上越走越远。

他们阅读了很多有道理的书，收藏了很多有道理的文章，觉得自己无所不知，却始终不能俯下身子去行动。因为他们总认为自己还没准备好，担心方法不是最优的，贸然行动会走弯路等，殊不知，这样的观望、等待本身就无效率可言。更使人困扰的是，道理知道得越多，行动力反而越弱，因为似乎总有更好的道理等着我们去发现。

“知多行少”就像是一个死结，越拉越紧，以至于眼看着自己成为“认知上的巨人、行动上的矮子”却不知如何是好。当他们看到同龄人，甚至是后辈通过扎实的行动功成名就时，那些懂得的道理就会一股脑地化为焦虑倾泻而出。懂的越多，焦虑越多，无力之下，索性就破罐子破摔了。

很多人因为缺乏耐心、急于求成，总想跳过行动环节，寻求捷径，最后发现：这才是走了弯路，**真正的捷径正是那条看起来漫长且低效的行动之路。**

不久前，读者“A 丽”在后台留下一个经典之问：“道理都懂，就是不做，怎么应对？”我当时回答：“真想破解，方法也有，就一条：直接去做！”

这回答虽然没毛病，但现在看来的确有些简单，我想有必要再做一个更翔实、清晰的阐述。作为过来人，真希望每个迷茫的生命都能移去眼前的迷障，也愿你的知行困惑在此消除。

认知，其实是一种技能

曾几何时，我也是一个知而不行的人，凡事满足于知道，行动力极弱，很少主动、持续做成过什么事。真正促使我移去知行迷障的，是对大脑学习机制的认知，在这方面，我们每个人似乎都有很大的盲区。

在科学家看来，**学习任何一门技能，本质上都是大脑中的神经**

细胞在建立连接。用神经科学的术语解释就是：通过大量的重复动作，大脑中两个或者多个原本并不关联的神经元受到反复刺激之后产生了强关联。

这一点不难理解。当我们还不会骑自行车的时候，看别人骑，会觉得那并不难——只要手把方向，双脚交替踩踏就可以了。然而真到了自己骑的时候就不是那么回事了——重心左摇右晃，方向左摇右摆，速度快不了，害怕会摔倒，紧张得厉害……

这是因为我们还没有进行足够多的练习，大脑中相关的神经元也没有受到过足够多的刺激并产生强关联，所以，即使我们能轻松理解骑自行车是怎么回事，但这项技能自己实际并未掌握。直到我们学会这一技能，再经过无数次的日常运用，大脑中相关的神经元连接才会变得异常牢固，我们才会真正掌握骑车这项技能。

如图 6-10 所示，在**技能学习**的路径中，仅仅“知道”是无法形成反馈闭环的，只有经过大量的练习，让人脑相关的神经元形成强关联，反馈闭环才能经由“做到”这个节点得以形成。

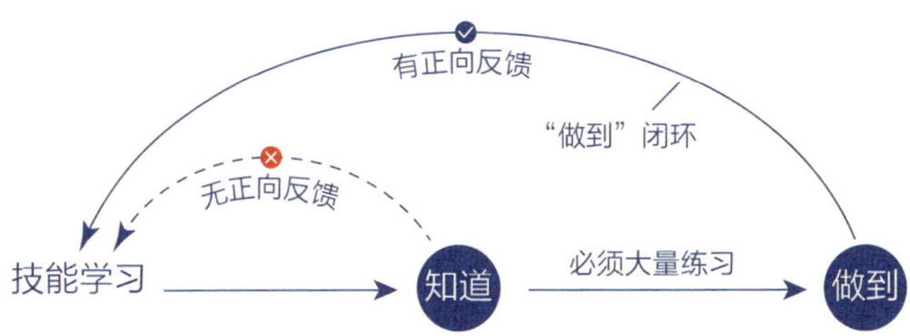

图 6-10　技能学习路径

所有的技能学习都遵循这个规律，诸如走路、说话、画画、弹钢琴……技能学习需要经过大量的练习，直到可以利用潜意识自动执行。

但当我们进行**认知学习**的时候，却会产生一种天然的错觉——认为明白了一个道理就好像掌握了这项技能。比如当我们学会一个知识、明白一个概念或想通一个道理时，在“知道”的那一瞬间，我们确实提升了认知，甚至也能在短时间内“做到”。这种感觉非常美妙，就像发现了一个全新的自我，我们只需要在大脑中推演一番，就能体会到这个认知给自己带来的正向反馈（见图 6-11）。

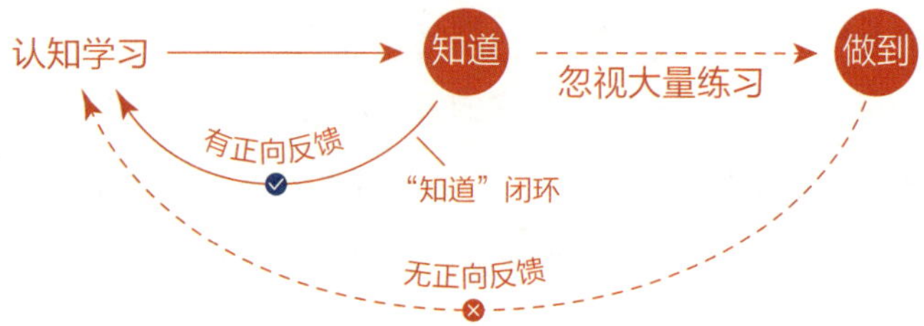

图 6-11　认知学习路径

这个正向反馈在当时是真实的，但仅凭一次强烈的神经元刺激远远无法形成强关联，所以这种认知也是极不稳定的。而此时大脑已经接收到认知带来的正向反馈，认为自己已经掌握了、得到了，从而忽略或轻视后续大量的练习。

因此，绝大多数人在认知学习的过程中都会不自觉地停留在“满足于拥有或知道”的阶段。当我们下单买书的那一瞬间，感觉特别棒，就像已经拥有这些知识一样，但收到书后，可能就再也想不起去读它们了；当我们得知“元认知能力”这个概念时，惊叹原来这就是一个人最重要的能力，然而在真实场景里却又记不得去运用它；当我们领悟“一天不看手机也不会有任何损失”时，头脑一下子就清醒了，对手机信息的危害看得无比通透，然而没过几天，再次碰到这种情况时，我们又会把书放到一边，掏出手机开始玩。

道理再好，如果不去刻意练习，不去刺激相关神经元的强关联，这些美好的认知将永远不会真正对自己产生影响。

当然，如果你现在就是一个“知而不行”的人，千万不要自责，因为“避难趋易”是人类的天性，这种选择取向深深地刻在了我们的基因里，所以凡是能简单得到的，人就不会选难的；有短的反馈回路，人自然不会选择长的——这就是大脑做选择时的默认逻辑。在缺少觉知的情况下，我们很难察觉这一点。

如图 6-12 所示，我们把技能学习路径和认知学习路径合在一起，就能清楚地知道自己“知而不行”的原因了。

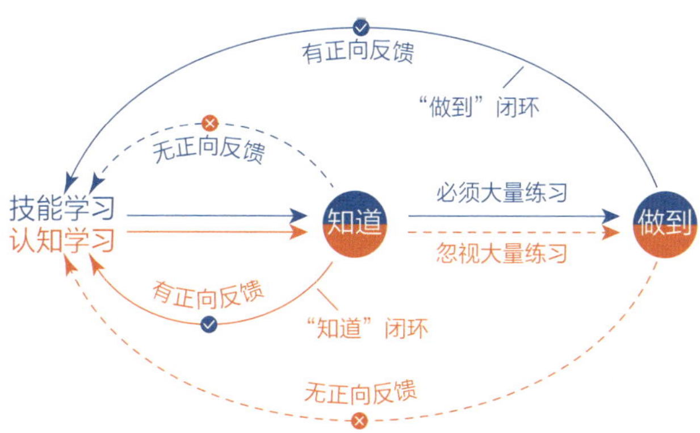

图 6-12　认知其实是一种技能

好在我们可以觉醒。觉醒就意味着看清，意味着主动改变默认设置，并做出新的选择。从现在开始，**把认知当成技能，知道或想通一个道理时，不要高兴得太早，想想后面还要做大量的练习，这样就不浮躁了。**

一开始做不好很正常

很多人不愿意行动的另一个原因是：在开始尝试的时候，总觉得自己做不好，看不到明显的效果，然后就放弃了。

这个观点看似合理，实际上非常可笑。从大脑的学习机制推断，无论学习一项技能，还是养成一个习惯，背后都是相关神经元从少到多、从弱到强的关联过程。那么在一开始、在神经元关联很弱的情况下，做不好是正常的。

我们无法在刚学琴时就弹出流畅的曲子，也没办法一下子轻松地坚持早起。在做不好的时候，我们要先想想自己的现实状况，给神经元更多的关联时间。如果一开始就能做好，我们还要学习什么呢?

但很多人认为自己必须有绝对优势或极大的兴趣和天赋才愿意行动，否则就直接放弃。就像小孩子在玩游戏时必须保证自己能赢才愿意玩，否则就不玩了。可是我们已经不是孩子了，我们应该学会用更成熟的心态包容自己最初的笨拙，即使做不好，也要持续练习，给神经元留够关联时间。

《思维导图》的作者东尼·博赞和巴利·博赞曾这样形象地描述养成习惯时大脑的工作情况。

> 当你每次产生一个想法时，带有这个想法的神经通路中的生化电磁阻力就会减少一些，就像在丛林里清出一条小路一样。一开始非常费劲，但是随着你经过这条路次数的增加，这条路也会开辟得越来越彻底，你所遇到的阻力也会慢慢变小。到最后，这条小路会变得平坦而宽阔。

这从侧面证明：只要不断练习，神经元之间的关联必然会越来越强，即使你感觉自己暂时在退步，也不要气馁，因为你可能进入了学习的平台期。

希望和耐心都藏在你的刻意练习里，藏在不断强化的神经元关联里，无论你是否喜欢这件事，只要持续练习，你肯定会一天比一天做得好，总有一天，你会真正体验到那种“做到”的快感。

我们能做的其实很少

对一些人来说，这部分内容有些打击人，因为我不断描绘了这样一个残酷现实：道理不可能很快实践，道理也不会轻松实践。所以另一个事实就是：我们真正能做的事情其实非常少。这也引出了人们不愿意行动的另一个原因：欲望太多。

面对“道理都懂，就是不做”这一问题的人通常不清楚真正做成一件事需要花费多少心力，因为他们很少真正主动做成过一件事，所有的想法都只在脑海中盘旋。但凡真正主动做成过一件事的人都知道那并不容易，无论是从学会弹钢琴到弹奏自如，还是从养成早起习惯到终身坚持早起，都是漫长的过程，不可能一蹴而就，所以我们要打破这个执念。而打破执念最好的办法就是着眼于现实改变，毕竟现实结果是最好的“评判师”，如果学习不能让自己发生真正的改变，那学再多又有什么用呢？

在两年多的实践中，我也深深感到：**不发生真正改变的学习都是无效的学习**。一篇文章、一本书就算讲得再有道理，倘若最终没有促成自己改变，我便认为读这篇文章、这本书的过程是无效的学习，因为在需要的时候，我却提取不出任何让我频频点头的道理，所以尽管它们讲的看上去很在理，但实际上与我没有关系，这样的道理我会大胆地舍弃。

当“改变”成了读书学习的最高标尺后，我们的学习量还有可能下降。比如当你真正明白“最重要的事情只有一件”这个道理时，网上所有关于“目标聚焦”的文章都不会再对你有吸引力了，但如果你并没有明白，那么你依然会在看到类似文章时觉得很有道理，然后一个劲儿地把它们往收藏夹里塞。

现实和理论都告诉我们：懂得百点不如改变一点。真正的成长不在于自己懂得了多少道理，而在于自己改变了多少。

所以，尽管放心地抛弃“懂得很多道理”这样的执念吧，在抛弃时，还要真诚地为自己开心，因为在这个世界上，知而不行的人实在太多了，只要你有所行动，就可以超越一大批人。

对成长来讲，**道理都是“空头支票”，改变才是“真金白银”。**当你凡事都以改变为标准时，你的成长路径会更加清晰。

第七章

情绪力

——情绪是多角度看问题的智慧

第一节
心智带宽：唯有富足，方能解忧

我们这一代人很幸运，因为我们亲历着这个物质丰富、科技发达、信息便捷的时代。我们经历的一切都是这个星球上前所未有的。

尽管如此，我们潜意识中都会有稀缺心理的残留，这种心理一不留神就会跑出来影响我们的选择和决策。

很多人对此不以为然，认为稀缺心理让自己养成了节俭的品格，所以没什么值得特别反思的。但你要是知道这种稀缺心理会使一个人变笨时，你是否会更新对它的认知呢？

稀缺心态，让人变笨

没有人希望自己变笨，但这事有时不可避免。《稀缺》一书的作者塞德希尔·穆来纳森曾对印度蔗农做过一次调查。调查发现，在收获季节前，也就是他们经济最拮据的时候，蔗农们被眼前最迫切的生计所牵动，终日心事重重。这种状态下，他们总是显得缺乏耐心、目光短浅，无论行动力、自控力、反应速度，还是智商表现都比较差。而在收获季节之后，蔗农有了收入，认知水平和行动能力都会有明显的提升，他们不仅情绪平和，也能规划长远目标并为之行动。

研究结果显示：在一定的前提下，贫穷确实会使人变笨，但这不是因为贫穷让人能力不足，而是因为贫穷造成的稀缺俘获了人的注意力，进而降低了人的心智带宽。

所谓心智带宽，就是心智的容量，它支撑着人的认知力、行动力和自控力。心智带宽一旦降低，人很容易丧失判断力，做出不明智的选择，或急于求成，做事缺乏耐心，难以抵挡享乐的诱惑。

每个人的头脑配置都差不多，但短缺压力会让人多一个后台运行的隐藏程序，虽看不见却消耗着大量的心智资源，所以有人会将剩菜剩饭留到第二天继续吃，他们认为这样很节俭；有外债压力的人，更容易在辅导孩子写作业的时候对孩子发火；而终日忧心忡忡的人，也很难静下心来学习。这些现象的出现都是因为当事人心智带宽不足，自己无力考虑长远问题，难以保持耐心和专注，在面临选择的时候不自觉地偏向那个最安全、最能快速见效的选项。

不难预见，这些短视行为带来的糟糕结果会加剧稀缺心态：吃剩饭吃坏肚子，在医院的花费会远远超过饭菜钱；对孩子发火会让自己压力更大；而在学习时不停地刷手机，自己会更加忧心忡忡。恶性循环会增强负面回路，让忧者更忧。

可见稀缺只是“变笨”的一种诱因，事实上，**任何能制造压力**

的事件都会挤占我们的心智带宽，比如明天的演讲、考试的期限、失业的担忧，等等。**只要我们的注意力被某一个巨大的事物吸引，我们就有可能进入稀缺状态，进而降低心智带宽，做出不明智的行为。**

比如当我们在商场听到“五折优惠最后一天，明天恢复原价999元”的推销宣传时，就很可能忍不住掏钱包，生怕错过这个优惠，而事后才反应过来，这东西并非刚性需求。

我们也常戏称“恋爱中的男女智商为零”，因为热恋中的他们只能看到对方的优点而看不到对方的缺点，根本原因其实就是他们的注意力被对方完全俘获，心智带宽被占用殆尽。所谓“情人眼里出西施”是对这种现象的另一种表述，但本质上就是稀缺心态导致判断力下降。

急于求成，焦虑丛生

如今，物质稀缺的影响似乎越来越小，很多人担忧的已经不再是吃不饱，而是吃得太多了。

以前奢求的事情，现在随时可以实现：要信息，有搜索；要美食，有外卖；想旅行，有高铁；想学习，有资料……但如果我就此断定：稀缺的问题一旦解决，人们就会过上幸福快乐的生活，你肯定会表示反对，毕竟扎扎实实的竞争压力就摆在眼前。

现代社会虽然给我们提供了更多便利和选择，同时也带来了前所未有的快节奏，仿佛一不留神就会落在队伍后面，这不由得迫使每个人加快脚步，不自觉地想要更多优势。

光是在校学生的焦虑就可见一斑。在前来咨询的读者中，很多大学生都表示自己当前非常浮躁，很难静下心来学习。当我问及他们的目标时，一位大二女生说，她想在短时间内同时学习雄辩术、逻辑学、修辞学、哲学、认知神经科学、教育神经科学、英语、德语、希伯来语、日语、人工智能，还有精神医学……

其实她自己也知道这是个不可能完成的任务，但内心的欲望就是这样强烈，因为竞争压力迫使她想要更多，不像古时候，一个人一辈子只要专注学好一项技能基本上就可以谋生立足了。对这位同学而言，这么多欲望就像多线程任务同时在电脑中运行，心智带宽被占用殆尽，自然就没有心力支撑自己的远见、耐心、行动力和自控力了，最终只能让自己在痛苦中彷徨，甚至做不好当下的小事。

当然这只是一例个案，但另一种现象就比较普遍了。很多同学或职场人希望在假期或空闲时间提升自己，于是把日程安排得满满当当，不留一丝余地，结果每次都是“理想很丰满，现实很骨感”，不仅实现不了目标，反而在娱乐中无法自拔。

这道理其实是一样的：**当一个人同时面临很多任务的时候，他的心智带宽就会降低，反而没有了行动力和自控力**。有生活经验的人都会尽量克制自己的欲望，在做重要之事的同时主动安排娱乐活动，尽量保持日程的闲余——这种方法是科学的、智慧的。

纵观现代社会，焦虑程度最高的其实还是三十岁左右的成年群体。这个年纪的人之所以焦虑，是因为他们正好处在人生的三个关口：一是上有老下有小，责任关口出现；二是前浪未退，后浪追击，职业关口出现；三是左有钱右有势，比较关口出现。一些人浑浑噩噩地走到这个关口，突然发现家庭责任重大，职业生涯未卜，而自己昔日的同学、同事却已经一骑绝尘。他们猛然惊醒，各种焦虑汹涌而来，心里不断回旋着这样的悲鸣："来不及了！一切都晚了！怎么也赶不上了！"

即使下定决心奋起追赶，自己也很容易陷入盲目尝试、乱学一通、急于求成的陷阱，因此，他们在看不到效果的时候就会马上放弃，最终让自己更加焦虑。这种感觉很不好受，究其原因，就是自己陷入了成功稀缺状态，心智带宽急剧降低——既有人生未知的后台程序，又有各种急于实现的多线程任务。在这种状态下，一个人是很难走出来的，因为已经没有资源来支撑他的远见、耐心、行动力和自控力了。

现在，虽然温饱无忧，但竞争加剧，而且也有很多附加的困扰，比如我们虽然可以便捷地查阅信息，但娱乐信息也无孔不入地诱惑着我们；我们虽然可以方便地网上购物，但无端的欲望也会使自己囤积很多不需要的东西……

现代生活虽然缓解了生存压力，却又带来了自控上的压力。抵制诱惑和欲望无一不消耗我们的心智带宽，而那些有着大把时间和金钱的人士，如果没有足够的心智带宽，也会让自己陷入无聊和空虚之中。

唯有心智富足，方能解忧

物质条件无法决定我们的命运，真正影响我们的是心智带宽是否富足。有了富足的心智带宽，我们就能在任何环境中拥有支撑自己的远见、耐心、行动力和自控力，在变化的环境中解救自己。那么如何才能获取心智带宽呢？我想，最重要的莫过于保持自我觉知了。对此，我给大家备上五帖觉知“良药”，请各位按需取用。

第一帖，保持环境觉知，理智选择。对于有些人来说，受影响最大的就是格局和远见。为了在压力环境中尽可能保持较大的格局和远见，我们就需要运用高级元认知能力保持对环境的觉知，因为在无觉知状态下，心智带宽会受到挤压，但在主动觉知状态下，人们就可以承受压力，集中心力做出理性的决定。比如一些穷苦家庭的家长宁愿省吃俭用也要资助孩子上学，不愿孩子早早离开学校去打工补贴家用。他们的理性选择往往会给孩子带来了更好的出路，让整个家庭的命运得到改变。

第二帖，保持目标觉知，少即是多。知道自己的人生目标之所以最为重要，是因为它直接决定着我们如何使用自己的心智带宽。《见识》的作者吴军曾说：“很多人认为我是个善于利用时间的高手，问我如何才能同时做更多的事情。事实上，我做事的诀窍恰恰和大家想的相反，就是少做事，甚至不做事。我时常站在一生的高度去审视自己真正要做的是什么，然后打破思维定式，拒绝所有那些即使不去做天也不会塌下来的事情。”

这正是“少即是多”的真正内涵。知道自己想要什么，才能免于盲目奔波，才能让自己从忙碌中解脱，才有时间使用心智带宽审视自己，把更多的精力集中到最重要的事情上去。

第三帖，保持欲望觉知，审视决策。对于一部分人来说，当前最大的压力莫过于过多欲望对心智带宽的冲击。早上起床就拿手机体现的是对信息的欲望，囤积物品体现的是对物质的欲望，应酬太多体现的是对社交的欲望，吃得太多体现的是对美食的欲望……每一种欲望的萌发都有可能在心智带宽中添加一条运行程序。

细心观察我们就会发现，**脑子里存在大量任务和念头的时候，往往是我们行动力最弱的时候。**所以保持对欲望的觉知，及时地审视它们，是清理自己心智带宽的好办法。我脑袋里一团乱麻的时候，就会坐下来，拿出笔和纸，把心中的念头全部列出来。无论是后台隐藏的，还是前台运行的，只要把它们清晰地列出来并逐一审视，自己立马就会神清气爽，行动力十足。

真正的行动力高手不是有能耐在同一时间做很多事的人，而是会想办法避免同时做很多事的人。这样的人自然不会把自己的日程安排得太满，无论做学习计划，还是做工作安排，他们都会给自己留足够的闲余，让自己从容地面对每一刻。

第四帖，保持情绪觉知，谨慎决定。不要在最兴奋的时候做决定，也不要在最愤怒的时候做决定，尤其是重大决定。大喜大悲的时候，我们的心智带宽往往很窄，判断力也很弱。

除了极端的情绪，我们也要及时关注平日里恐惧、担忧、紧张、害怕等各种小情绪，并及时将它们清理掉。一个心智带宽富足的人，也会是一个心平气和的人。

第五帖，保持闲余觉知，自我设限。适当的闲余是我们应对压力和意外的宝贵资源，但是过多的闲余可不是什么好事，如果有大量的金钱，就容易萌生无谓的欲望；有大量的时间，也容易陷入低效的状态。心智带宽虽足，但若不运行有效的人生程序，自然也是白费。

如果你的人生有如此好运，一切都很富足，不妨想办法给自己设限，适当制造稀缺，以成就自己。

第二节

单一视角：你的坏情绪，源于视角单一

1934年，时任美国总统的罗斯福家中失窃。一位朋友闻讯，忙写信安慰他，劝他不要太在意。他回信说：“亲爱的朋友，谢谢你来安慰我，我现在很平安，感谢生活。因为，第一，贼偷去的是我的东西，而没伤害我的生命；第二，贼只偷去我的部分东西，而不是全部；第三，最值得庆幸的是，做贼的是他，而不是我。”

罗斯福先生的自我疏导能力不可谓不强，不过在很多人眼里，这种鸡汤故事只体现了自我安慰的阿Q精神罢了；而另一些人认为他之所以想得开，是因为他是总统，所以大人有大量嘛。但我不认同这是简单的自我安慰，也更愿意反过来推断：正因为他具备这种**多角度看问题的能力**，他才走上了总统之路。

事实上，在面对各种困境的时候，多角度看问题的能力往往是考验解决问题能力的关键，它不仅能帮助人们获取智慧、成就事业，还能帮助人们在生活中拓展格局、化解烦恼。只是很多人意识不到这一点，习惯用原始的单一视角对待所有问题。

世界是多维的，而我们只有一双眼睛

一个周末我外出游玩，发现了一辆很酷的挎斗三轮摩托车，随手就拍了一张照片（见图 7-1）。这张照片选用大多数人都会选择的视角，将车身尽收图中，用于发朋友圈分享足够了，但出于对摄影的喜爱，我又蹲下来选了另一个仰拍的角度（见图 7-2）。

图 7-1

图 7-2

仰拍的视角使图片瞬间生动了起来：

- 地面的小花让人仿佛置身于世外桃源；
- 干净的天空作背景使车体更加突出；
- 车斗和前轮变大，车身高于背后的山脉，气势尽显……

车还是那辆车，但我只是蹲下来换了一个角度，就得到了完全不同的感受。**不难推断，像这辆摩托车一样，世界上任何一个人、任何一件物、任何一件事都是多维立体的。**从每一个角度观察，都能得到不同的信息，就像我们手中的镜头，只要微微偏离一点或拉近、拉远，屏幕上的图像就会发生变化。

但在现实生活中，我们总是以最方便和最习惯的视角去观察事物，比如站在最方便的地方自然抬起手取景，咔嚓一声，就认为自己记录下了全部，事实上远远没有，**我们观察到的仅仅是无数个角度中的一个**。如果不能强烈地意识到这一点，我们就很容易以偏概全地对待这个世界，然后产生各种偏误。

所以自古就有“日久见人心”的处世箴言，因为时间久了，我们就可以在各种场景下多维度地观察一个人，观察他生气的时候、高兴的时候、遇挫的时候、愤怒的时候的表现，看他对待弱势群体、富豪权贵的态度，看他娱乐消遣、学习自律时的状态……那些习惯从单一角度识人的人，往往比较单纯，也更容易受伤，本质上是因为他们缺乏多角度认知事物的意识。

当然，就识人而言，听一个人说话就能大致推断出他的学识和修养水平。比如那些对自己的观点、见解异常坚持，对别人的观点又油盐不进的人，基本上可以被视为学识浅薄或修养一般的人，因为学识浅薄的人除了自己的原始视角，通常很难感知到其他外部视角，所以就会抓着第一判断死死不放，因此，其修养表现也不高。

反观那些学识或修养高的人，他们表达观点时通常非常谨慎，常用“也许”“可能”等表述。这真不是他们故意谦虚，而是因为懂的越多，看到的角度越多，就越知道用一句话或一个观点无法把事情描述清楚。

换句话说，一个人的性格和脾气好不好，也取决于他多角度看问题的能力：视角单一的人容易固执、急躁和钻牛角尖，而视角多元的人则表现得更为智慧、平和与包容。

世界是多维的，而我们只有一双眼睛。我们每一次的观察、表达和行动，都只能影响这个多维世界中的一个维度。明白了这点，我们就能理解这世上没有什么神奇的招数能够解决所有的问题，我们接触到的观点、方法通常只适用于特定的角度或范围。

很多领域的泰斗在针对一个主题洋洋洒洒地写完几十万字的论著之后，都会发自肺腑地在书中申明自己的见解非常有限。比如《系统之美》一书的作者德内拉·梅多斯就在前言中写道："我想告诫大家，本书和其他所有书籍一样，也存在偏见和不完整性。我在本书中阐述的内容可能只是系统思考领域的九牛一毛，如果你有兴趣去探索，你会发现一个更加广阔的世界，而远不止本书所展现的这个小世界。"

德内拉·梅多斯对系统的认知已经非常了不起了，但她仍如此谦逊。所以，要想让自己变得更平和、更智慧，首先要认识到这个世界的多维性，并把这个意识深深地刻在自己的脑子里，这样，我们方有自我改变的可能。

成为一台更好的相机

用相机的概念来理解多视角真是一个不错的方法，因为它还包含了另一层含义——相机本身的差别。

就像你和我在同一角度拍摄摩托车，最终也会得到两张不同的照片，因为我们各自使用的相机的镜头、像素或对焦点可能都不一样。所以有些人拍出来的照片不仅视野小，颜色偏差严重，而且可能是模糊的，而有些人拍出来的照片则更真实。这说明，我们每个人因为生活环境不同、经历不同、学识不同，所以在看待同一个问题时，理解层次和还原程度也不尽相同。

比如有些人成年后和自己的父母越来越疏远，因为看不惯老一辈人的言论、习惯，接受不了他们对自己的关爱（干涉）；很多儿媳跟婆婆不和睦，在带孩子的问题上矛盾不断；很多亲密的夫妻或情侣，也常常因为对同一件事存在分歧而相互怄气。如果我们知道出现这种情况仅仅是因为他们的“相机”和自己的不同，就很容易明白他们其实并非存心与我们作对，甚至他们已经尽了自己最大的努力。

如果你确定自己的相机比他们的更高级，那就应该有“向下兼容”的意识——要么对其一笑而过，要么拿出自己的高清照片，耐心地向他们讲解什么是更好的，而不是一味地指责对方拍出来的东西很糟糕。毕竟低层的事物不会也不能向上兼容，但我们通过引导，让它们不断升级倒是有可能的。如果自己也曾有一台“落后的相机”，那就更应该体会和包容对方的立场。

在“相机”这件事情上，我们一定要保持觉知，要清醒地意识到自己的视角偏误，时刻做好向上升级、向下兼容的准备。拥有这种心态，不仅我们自己能越来越完善，还能与其他人都合得来。

总有一个更好的视角

每个人都是生活的摄影师，不同的是有的人拍出来的照片更好看，而有的人拍出来的则很普通，尽管他们的拍摄对象是相同的。好的摄影师总能找到更好的角度，他们更善于移动自己，围着“摩托车”（拍摄对象），尝试各种角度，最后选一个最佳视角。

罗斯福就是一个很好的“摄影师”，他在损失了巨额财物之后竟能找到三个非常积极的视角，让自己尽快从悲伤的情绪中走出来。换作其他人，很可能“拿”着那张视角最惨的“照片”悲叹不止。

所以，不要被原始视角束缚，主动转换视角，我们就会进入一个新的天地，因为视角不同，我们的选择也会不同。

- 同样是半杯水，有的人哀叹“只有半杯了”，而有的人惊喜于“竟然还有半杯”；
- 同样是挫折，有的人沉浸在悲伤中无法自拔，有的人则认为挫折是上天给自己成长的提示；
- 同样是工作，有的人认为自己是在给老板干活，所以能偷懒就偷懒，有的人认为一切工作都是为了锻炼自己，即使没有回报也愿意尽力投入。

无论你当前处于何种情绪旋涡，只要自己愿意，总能找到更好的角度。**只是有的人面对再好的事情时都盯着一点瑕疵不放，而有的人却能从任何一件糟糕的事情中找到闪光点并放大，忽视其他不足之处。**

孰优孰劣，孰喜孰悲，一目了然！

大师修炼之路

每个人都希望做一个好的“摄影师”，拍出精彩的“照片”，但成为一个好的“摄影师”是需要练习的。这么多年，我们都习惯用原始的单一视角看问题，时间长了便形成了“路径依赖”。就像孩子不听话时，我们的第一反应通常是生气吼骂，而不是耐心地让他说出真实想法；下属没做好工作时，我们的第一反应往往是批评责备，而不是心平气和地让他说出真实原因……我们常常意气用事，缺少自我审视，时间长了都不知道自己为什么这么容易生气。

《反本能》一书的作者卫蓝曾这样描述路径依赖：当我们长期进行一种行为的时候，大脑会慢慢形成一个专门处理这个行为的“绿色通道”，所以当自己面临相似的场景时，大脑会对这种行为进行优先选择，并进一步形成自动化反应。

这就是为什么当我们遇到烦心事的时候，会习惯性地启动情绪上的防御模式并陷入单一视角，而不是启动理智上的分析模式进入多维视角。要想拥有多视角能力，就要进行刻意练习，直到形成新的路径依赖。好在这样的练习并不难。遵守下面几个原则，自己就能逐渐摆脱单一视角的限制，成为生活的“摄影大师”。

一是勤移动。顾名思义，就是多移动你的“相机”机位，尝试用不同的视角看问题。比如设身处地地站在孩子的角度、老人的角度、对手的角度看问题，而不是仅凭自己的感受就直接认定孩子不懂事、老人不体谅、对手不讲理。

在焦虑、紧张的时候，不妨假设自己是一个局外人，用第三视角来观察自己，你会发现自己的很多担心其实是多余的，因为别人并不是那么在乎你。如果陷入悲伤，无法自拔，那就假设自己处于十年之后，用未来视角反观现在，你会发现当下的悲伤没有任何意义，还不如收起情绪好好干活。

这种多视角观察的能力其实就体现了元认知能力。有了元认知，我们更容易在自我观察上保持觉知，进而在语言表达上也体现出“高情商”的特质。比如，我们不会随口说出刻薄难听的话，尽管自己可能确实很想说，但在话说出口之前，我们会在脑子里估计从各个角度听到这句话后的感受和反应，然后选择一个最佳角度，让在场的人尽可能觉得得体、舒适。和这样的人相处，又有谁会愿意给他添堵呢?

二是善学习。有些时候我们之所以看不到一些角度，是因为自身学识不够，不知道有那个视角存在，所以要多学习，借助高人的视角来观察世界。很多优秀的书籍和文章都展现了作者看待问题的独特视角，你若摘取，便能瞬间拥有高人的视角。

三是要开放。更准确地说是保持客观、不臆断。**很多人情绪不好，是因为他们把自己做的假设当成了事实，在不确定对方真实想法的情况下，直接把情绪发泄了出来。**想要情绪平和，就是要在交流时不戴有色眼镜，不带主观色彩，先想办法了解事实，搞清楚对方到底是怎么想的，这一点非常重要。无论是面对孩子、面对同事，还是面对下属和老板，都要秉持这样的态度。如果先入为主地抱持自己的单一观点，就很难保持开放的心态去接受客观真相。

在这一点上，《美好人生运营指南》一书的作者一稼提供了很好的经验，她说自己和老公相处时是这样处理情绪的。

> 第一步，忘我地聆听对方的想法。过程中没有判断、没有辩论、没有对错，把自己完全置身在对方的位置，以对方的眼睛来看世界；第二步，从“我”的角度来分享，过程中只说自己的客观感受，而不指责对方或告诉对方该怎么做。比如，说“家里满地臭袜子，我觉得精神紧张，心里很不舒适”，而不是“家里满地都是臭袜子，你不觉得难受吗”。

好的交流都是客观的、不带主观猜测的交流，这样才会让双方都摆脱“战斗模式”。如果一个人在不明就里的情况下把负面情绪发泄出来，就会把其他人也带入单一视角，要么被压制，处于恐惧中；要么反抗，双方都受伤。

吴军的想法更明智，他说：“我对任何人，一般都先假设他是正直、善良和诚信的。”以开放引导开放，是为高级。这也是我推崇的交流方式。

四是寻帮助。我读过一些飞行员在空中处理特殊情况的操作手册，发现所有处置方法的第一步几乎都是一样的：报告塔台指挥员，或边处置边报告。我一直不明白为什么在紧急万分的情况下，飞行员非要先向指挥员报告呢？这不是浪费时间吗？直到思考“多角度看问题”这个主题的时候，我才明白，原来出现特殊情况时，飞行员的注意力会被巨大的危险所俘获，心智带宽降低，容易陷入单一视角，而此时，指挥员可以给飞行员提供有效的外部视角，帮助他们更好地处置特殊情况。

同理，当我们对情绪问题或工作问题百思不得其解的时候，不要一个人闷头苦想，要学会主动寻求外部帮助，借助他人的多维视角来克服自己单一视角的局限。

五是多运动。适当的有氧运动会提升我们体内多巴胺的水平，而多巴胺对于创造力和多角度思考能力来说都很重要。锻炼不仅能帮我们从负面情绪中快速走出来，也会引导大脑从新的角度看待事物，或者从不同角度观察问题，所以，越是心情不好的时候就越要多运动，越是想不通的时候越要多运动。

六是常反思。《人生护城河》一书的作者张辉曾提到这样一段化解情绪的经历。

去年 10 月某天，我在公司开了一天会，还吵了一架，晚上回到家已是10点多，但是余怒未消，此时还没有写当天承诺要写的文章。怎么办？我干脆开始写自己生气的感觉，因为那个时候，愤怒占据了自己的内心，容不得其他任何想法。于是开始写生气的细节，写为什么生气，写到一半的时候，突然释然了。我发现我可以站在另外一个角度去理解与我吵架的这个人，理解立场和处境，也看到了自己视野的盲区。一旦能换个角度看问题，自己内心的气就消了一半，所以后面的行文完全变成了一种释然，写完文章后，内心无比放松。这是我从未期待的效果：通过写作抚平自己的内心，给自己带来一次心灵的舒缓，这不是任何劝慰能起到的效果。

这种经历我也经常有，因为我有每日反思的习惯。所以每当自己心情郁闷、无法排解的时候，我就会打开电脑，把心中的烦恼全部倒出来进行复盘，梳理的过程中，自己往往会拨云见日，真的很神奇。

无论什么时候，你的笔或键盘都能帮你跳出单一视角，看到更多维度。

第三节

游戏心态：幸福的人，总是在做另外一件事

我有一段难忘的大学经历。

当时，学校有个要求，想要顺利毕业，每个人必须通过 1 500 米跑步的体能考核，而且成绩要在 5 分 10 秒以内。教官为了激励大家训练，当众立了一个规矩：每次体能课开始前先测试跑一次 1 500 米，凡是成绩达到优秀的，都可以免上后面 2 小时的体能课。而我，在很长一段时间内，都是唯一可以在全队近百人的目送中欣然离场的那个人。

跑步并不是我的强项。刚入学的时候，我跑 1 500 米大概要用 8 分钟。在向 5 分 10 秒这个目标进发的过程中，所有人都备感煎熬，每次都是“跑前很紧张、跑时很痛苦、跑后很无奈”。

就在我快感到绝望的时候，转机出现了。一天下午，课前测试照常进行。教官的哨声一响，我便以冲刺的速度第一个蹿了出去。对于这样的中长跑测试，一开始就冲在前面可不是什么好策略，因为剧烈的体能消耗会让自己很快失去后劲。但就在我快要松下那口

气准备减速的时候，目光也从远处落到了前面 10 米左右的地方。我突然在心里对自己说：“先别减速，等跑到前面 10 米那个地方再减速也不迟。”等我跑到那个点后，我的目光又落到了前面的 10 米处，我觉得这样的距离很短，还可以继续来一次，等跑到那个点后，我又把眼光投向下一个 10 米处……

几次重复之后，我竟然发现自己并没有上气不接下气的感觉，身体反而轻松了起来。自己就像在玩一个追逐游戏，注意力已经从沉重、遥远的剩余圈数转移到了一段段 10 米的距离上，抬腿摆臂变得越来越轻快，不知不觉中我竟领先了第二名小半圈。明显的优势让我不再关注成绩，注意力几乎完全集中在抬腿摆臂的畅快感上。我越跑越快。结束后，当教官宣布成绩并告诉我不用上课的时候，我简直不敢相信。

往后的日子里，我一次次如法炮制——冲到最前面，然后开始一个人的追逐游戏。之所以喜欢一开始就冲在前面，是因为边上没有其他人干扰，我就能专注地沉浸在这个游戏中。一个痛苦的考核项目，最后成了我每次都跃跃欲试的期待项目，而且没人知道我是怎么突然变强的。即使后来偶尔有几个人也在课前测试中达到优秀，但他们冲过终点线后苦不堪言，全然不像我游戏般的轻松。

这个心法为我的大学生活增色不少。因为这件事，我当时还在记事本里写过一句感悟：不要让事情本身束缚了你的情绪和注意力。这可是我大学时代为数不多的能一直记到现在的人生经验。

现在再回头看，自己也很震惊，因为这完全不是什么土方法，而是实实在在的积极心理学呀！

幸福源自主动掌控

现代积极心理学中，最引人瞩目的莫过于爱德华·德西和理查德·瑞恩的“自我决定理论”了。它指出人类有三种天生的内在需求：关系需求、能力需求和自主需求（见图 7-3）。

图 7-3　自我决定理论中人类的三种内在需求

换句话说，一个人想要生活幸福，需要具备以下因素。

- 有良好的人际关系，得到别人的爱与尊敬；
- 有独特的本领、技能，为他人带去独特价值；
- 有自主选择的权力，能做自己想做的事情。

这个理论一点都不复杂，想想我们平时的生活就可以理解。如果生活中大家都对你不错，你自己又有某方面独特的技能，还能做自己喜欢的事情，那岂不快哉！

特别是“自主需求”，它是自我决定理论的关键与核心。也就是说，我们如果能主动选择和掌控所做的事情，就会产生内在动力，获取幸福。就像前文提到的 1 500 米跑步测试，在大多数人眼里，它是一项考核任务，没得选择，只能被动承受，但在我眼里，它却成了一件好玩的事——游戏，于是我有了选择和掌控的能力，最终得到了优势和认可。而在整个过程中，我仅仅改变了自己对事物的看法，境况就变得完全不同，这正是积极心理学的神奇之处。

放眼现实生活，我们总是要面对很多“不想做但必须做”的事情。比如 1 500 米跑步考核、堆积如山的作业、不得不洗的衣服、不得不见的人、不得不做的工作……面对这些事情，我们会不自觉地感到沮丧、抗拒和排斥，因为这些都不是我们自己主动做出的选择，而是外界给的压力。

一个人如果整天做自己不想做但又必须做的事情，日子就会变得灰暗无趣，然而面对压力，我们真的就只能承受吗？未必。或许我们的情绪和注意力只是被事情本身给占据了，因为**困难和压力总能把人的情绪和注意力抓得死死的，让你很难看到其他角度。**

好消息是，这个世界比我们想象的要积极，我们以为自己没得选，其实还有很多角度可供选择，毕竟任何事物都是多维、立体的。看似悲观的事物背后肯定有乐观的一面，严肃事物的背后必然有好玩的一面，我们暂时看不见不代表它不存在。现在，请系好安全带，随我一起去夺取幸福的掌控权吧。

只是在做另外一件事

获取掌控权并不难。当你遇到那些“不想做但必须做”的事情时，只要在心里默念一句“咒语”，就可以让自己跳出事情本身。这句“咒语”便是：**我并不是在做这件事，我只是在做另外一件事。**

把这句话套用到其他场景中是这样的：

- 我并不是在做跑步测试，我只是在玩追逐游戏；
- 我并不是在写作业，我只是在挑战自己的速度；
- 我并不是在洗衣服，我只是在活动自己的手脚；
- 我并不是去见领导，我只是和一个普通人聊天；
- 我并不是为老板做事，我只是为了提升自己。

这些理由听起来可能有些可笑，但不要低估这种假设的力量，一旦你有了新的选择，就会意识到：**事情本身并不重要，我们只是在通过它获取另外一种乐趣，顺便把这件事给做了。**在心理学上，这个方法叫作“动机转移”。

缺乏觉知的人，其行事动机通常都由外部事物牵引，少有自主选择和掌控的余地，容易陷入“为做而做”的境地。但有觉知的人会适时觉察自己的行事动机是否停留在与目标任务无关的外部事物上，如果是，他们就主动想办法将其转移到内部，以拥有自主选择和掌控的能力，而这种掌控的窍门基本上可以分为两类：**为自己而**

做和为玩而做。

为自己而做

产生内部动机最好的方式莫过于立足于让自己变好。

就拿写作这件事情来说。很多写作者都热衷于向热点平台投稿，因为一旦投稿成功，他们可以快速获得稿酬和流量曝光，但为了通过审核，他们在写作时就必须不断调整自己的风格以迎合平台的口味，因而不得不陷入追热点新闻、立吸睛标题、写肤浅短文的状态。这种状态必然无法让自己获得真正的成长和长远的积累，于是写作的乐趣就开始慢慢消失了。而真正希望通过写作建立影响力的人是不会完全被“稿酬”“流量”等外部动机束缚的，他们往往是为自己的成长而写、为众人的需求而写、为长远的价值而写、为创造一个属于自己的世界而写。对他们来说，**外界的反馈和奖励只是意外和惊喜，而不是必需和期待**，所以即使没有鲜花和掌声，他们也会坚持输出和成长。这样的心态能让他们的笔尖持续释放力量，最终收获梦想，因为选择权始终在自己手上。

这道理不仅适用于个人层面，企业发展也是如此。比如华为公司之所以坚持不上市，就是不希望企业的发展动机被外部力量控制。如果公司上市，虽然可以在短时间内身价暴涨，但它将不可避免地把眼光放到下个季度的财报上。

那些对内在动机更敏感和坚持的人，总会与众不同。他们不会为外界的奖励或评价而刻意表现，只会为自己的成长和进步而努力进取，这样的人很难被困难击倒。

为玩而做

既然动机可以转移，那我们为什么不转得彻底些，让它变得更好玩呢？这绝对是个好主意！

女儿刚读一年级的时候，很不喜欢写字帖，每次做这个作业都闷闷不乐。我见她愁眉苦脸，就跟她说："你不是喜欢画画吗，那为什么你不把它当成画画呢？写字和画画不都是笔在纸上动吗？"她听后眼前一亮："对呀，爸爸，我把它当成画画不就行了！"没过多久，她就开心地把那个字帖"画"完了。

读者"承谦"是一个跑步爱好者，他曾为跑步写过一首名为《享受就寿》的打油诗：

有人跑步想瘦，
有人跑步想寿，
而我跑步享受，
享受享瘦享寿。

第一次看到这首诗我就乐了。这哪里是什么诗啊？分明是动机转移的心理学嘛！当人的注意力都在享受上时，他对跑步的心态就不一样了。相比起来，别人为了身材和身体苦苦坚持，而他只是享受愉快的跑步过程。

而我除了把跑步当成玩，其他很多事在我眼里也都是玩。比如阅读这件事。我从来不认为自己是在阅读，而是设想自己在和智者聊天。每本书在我眼里都是一个人，而我的书架就是智者朋友圈，每隔几天我都会在那里站一会儿，琢磨下一个跟我聊天的人是谁，这种感觉实在是棒极了。如果世上的事在我们眼里都是“玩”，谁还会苦闷啊！

另外，仔细观察你还会发现：**为自己而做，通常是为了应对外部的压力和要求，为玩而做，则是为了应对重复、枯燥的事情**。如果想玩得更尽兴，最好记住这个小技巧——把那些困难的大事情拆解成小块。就像我在跑步的时候，把 1 500 米拆解为一段段 10 米的距离一样。当要做的事情小到自己可以轻松完成时，我们就会跃跃欲试。

《微习惯》一书的作者斯蒂芬·盖斯大概也遵从这个理念，他要求自己一开始只做一个俯卧撑，后来就生出了玩耍之心。而胡适先生也说：怕什么真理无穷，进一寸有进一寸的欢喜。对这句话，我们也可以反过来理解：无穷的真理确实容易让人害怕，但只要盯住眼前的那一寸，就会从那一寸中获得快乐。

成长啊，有时候要看长远，让自己明白意义，心生动力；有时候要看得近些，让自己不惧困难，欢快前行。

这个世界的模样取决于我们看待它的角度

一定有人会对这些方法嗤之以鼻，因为从本质上看，这更像是一种自我欺骗。事实上，人就是一种自我解释的动物，世界的意义也是人类赋予的。

既然做事情就是赋予意义的过程，那我们为什么不赋予它们有用又好玩的意义呢？至少，**为自己而做可以解放情绪，为玩而做可以解放注意力**。当我们的情绪和注意力都自由时，还有什么困难可以阻挡我们前进呢？

第八章

早冥读写跑，人生五件套

——成本最低的成长之道

第一节
早起：无闹钟、不参团、不打卡，我是如何坚持早起的

虽然每天叫醒我的还不是梦想，但也不是闹钟。回头看去，我已经过了 4 年早起生活，其间从来没有用过闹钟、没参过团，也没有打过卡，我在完全独立的情况下自然地养成了早起的习惯。

坚持早起给我创造了大量的可支配时间，生活状态也发生了巨大的改变，而且生理健康几乎没有受到影响，甚至有很多方面反而变得更好了。看着五花八门的早起团、打卡团，各类早起课、监督群，我觉得有必要分享一下自己的经历，或许对想要养成早起习惯的人有所帮助。

我的早起之路

4 年前，我和很多人一样喜欢熬夜，每天不到 12 点以后是不会睡的。睡前我通常都盯着手机屏幕，直到实在无法支撑才怏怏睡去。那时我的身体和精神状态不太好，早上起来迷迷糊糊的，白天

也显得无精打采。虽然我也知道这种毫无节制的生活习惯不好，但实在是没有心力去对抗惰性。对于早起的好处，我多少也有所耳闻，也知道很多名人都有早起的习惯，比如：

- 巴菲特每天 6：45 起床；
- 乔布斯每天 6 点左右开始工作；
- 潘石屹每天 4 点起床，6 点开始晨跑，8 点前开始工作……

这些人在我眼里都不是一般人，我怎么可能和他们一样呢？早起，在那时的我眼中，完全是另外一个世界的事情，看看就罢了。如果当时有人跑来告诉我：如何用多个闹钟、如何早起打卡、如何相互监督……我一定是无动于衷的，我知道这种纯粹消耗意志力的做法会很痛苦，并且多半不会成功。直到我看到日本作家中岛孝志写的《4 点起床：最养生和高效的时间管理》这本书。

大概是因为"4 点起床"让我觉得有些夸张，于是我产生了一探究竟的兴趣，结果书中的四个观点让我耳目一新。

第一，每天 4 点起床，把全天分成三段。

4 点 ~ 12 点：第一个 8 小时用于完成过去的工作（或者说用于完成我们一天正常的工作）；

12 点 ~ 20 点：第二个 8 小时用来铺垫未来的工作（也可以视其为多出来的一个工作日）；

20 点 ~ 次日 4 点：第三个 8 小时用于休息（还是 8 小时没变）。

作者称之为人生两季：4 点起床，就相当于多了一个工作日，并且睡眠时间没有减少。虽然这种说法经不起推敲，但表面的好处还是让人产生一丝心动，毕竟只需要改变起床的时间，就能得到更多的时间，而且也没什么损失。

第二，有关睡眠的脑科学理论。

书中提到芝加哥大学的克雷特曼与德门克在实验中发现，人的眼球会在睡觉的时候来回运动，他们根据这个运动规律发现了“快速眼动睡眠”（REM）和“非快速眼动睡眠”（Non-REM）规律。健康的成年人睡觉时大多是 1.5 小时快速眼动睡眠、1.5 小时非快速眼动睡眠，两种模式不断切换，并且在最初的两个单位时间内，也就是睡着之后的前 3 小时中，会进行高质量的睡眠（深度非快速眼动睡眠等于熟睡），之后则是浅层非快速眼动睡眠与快速眼动睡眠的组合。根据这一规律，人在睡眠后的 3 小时、4.5 小时、6 小时、7.5 小时这几个节点醒来，就会觉得神清气爽，精力充沛。我对早起的实践就是从对这个理论的神奇体验开始的。

在看完书的那天晚上，我大约 23 点入睡，凌晨微醒，一看表刚好是凌晨 2 点（我睡觉时不带手机上床，但会在枕边备块手表），之后又微醒了一次，时间在 3 点半到 4 点之间，极其吻合上述睡眠规律，这让我非常惊讶。知道这个规律后，我对睡觉节点的感知突然变得敏锐，所以在那些时间节点能醒过来。回想以前，我也曾在半夜有过那种微醒的感觉，但那时不知道是睡眠周期结束了，于是翻身就又睡过去了。知道这一规律后，我连续试了几天，时间基本相同。

这个理论让我明白了为什么有时候我们睡了很长时间，但醒来后还是精神不佳，原因就是醒来的时机不在睡眠节点上，而是在睡眠周期中。

第三，放弃闹钟。

中岛孝志说："闹钟不会照顾你的睡眠周期，时间一到，就会把手伸进你的脑子里，让你的脑子发生一场大地震，潜意识会被搅得一团糟。因为你是被闹钟吵醒的，大脑深处其实还睡着，所以明明睡了 8 小时，可总会觉得没睡饱，整个人昏昏沉沉的。"我也不喜欢被闹钟叫醒的感觉，和自然醒来相比，被闹钟叫醒后，我的精神状态会差很多，起床的痛苦感很大程度源自这里，于是我果断放弃了闹钟。

现在很多早起课都告诉学员要准备多个闹钟，床头放一个、卫生间放一个、客厅放一个，设好时间间隔，音量要一个比一个大……利用这种粗暴的方式强迫自己早起，我觉得实在是一种摧残，早起会给他们带来痛苦的体验。而当我有了感知睡眠节点的能力和习惯后（大约用了两周），根本不用担心醒不过来或错过正常的起床时间，这个生物时钟非常准。

放弃闹钟的另一个好处是，不影响家人或室友的休息，这样更容易得到他们的支持。

第四，抓住大脑工作的高峰期。

人体从黎明开始分泌肾上腺素和肾上腺皮质类脂醇这两种可以让人保持精力充沛的荷尔蒙，分泌高峰期正好是早上 7 点左右，这时，人的工作效率非常高。人体进食后，能量也会在 1 小时后转变为葡萄糖，输送到大脑，人的记忆力、理解力就会提高，大脑的运转速度会迎来峰值，直至 4 小时后才降到谷底。所以人们要顺应规律，抓住效率高峰期，把最困难的工作放在这个时间段完成，就能达到事半功倍的效果。另外，正常吃早餐的人，上午的工作效率更高（午饭后的效率峰值在 14 点到 16 点间出现）。

正是以上 4 个观点，让我几乎无痛地踏上了早起之旅，尽情体验早起给自己带来的改变，直到现在，从未间断。这大概也是一次典型的认知驱动体验，**一旦认知上想通想透了，行动时就不需要用大把大把的意志力来支撑了。**

早起给我带来了什么

现在我早已养成习惯，每天不用闹钟也能自然醒来。有时 5 点起，有时 4 点半起，最早 4 点起，通常不晚于 5 点半。

相比在 7 点左右起床，我每天多出了 2 小时，按一天 8 小时工作时长计算，每年可以多出约 90 个工作日，如果坚持 40 年，就相当于一个人全年无休工作 10 年。有了这些不被打扰的时间，我可以高效地做下面这些事情。

一、规划。利用 10 分钟左右的时间，罗列全天的工作，对它们进行排序，这样可以让自己保持头脑清晰，对全天的时间产生一种掌控感，保证自己的工作不会走弯路。

二、跑步。我个人习惯起床后先跑步，毕竟此时大脑还没完全苏醒，直接进行脑力活动可能不容易迅速进入状态，但跑完步之后再冲个热水澡，精神状态就完全不同了，身体的每个细胞都被激活了，此时再读书写作就会很轻松。这种精神状态会延续到上午，当大家正常起床懵懵懂懂地去上班时，自己已经精神抖擞了。早起跑步可以让自己整个上午都享受身体的轻盈感，冬天会更耐寒。经过长期的锻炼，身型和体质也会得到极大的改善。

另外，早起后，大部分人还都在睡梦中，我就可以独自一人享受晨间的静谧，这种感觉非常美妙，不会像夜间锻炼那样，因经常遇到熟人而需要不停地打招呼，使锻炼效率变得很低。

三、反思。这是我给自己定的功课，每天复盘一些工作、梳理一些思绪，或把一些心得感受记录下来。这么做可以很好地提升自己。

四、读书或写作。平时受家庭及工作的影响，我很少有大块的时间进行自我提升，因此，早起后的这些时间非常宝贵，我的很多文章就是在这个时间段写的。

五、困难的工作。我有时也会把一些困难的任务放在这个时间段攻克，通常效率会很高。早上上班的时候，那种完成了最困难的工作的心情令我从容和愉悦，这样，我就可以在很轻松的状态下做些超前或拓展性工作。

以上是我目前主要的收获：清晰的时间安排、强健的体魄、良好的精神状态、不受干扰的锻炼氛围、专注的学习环境、从容的工作心态、持续的个人成长等。

除此之外，生活中焦虑也减少了很多。长期的坚持也增强了我的毅力，更重要的是，到了晚上 10 点，我就想着爬上床了，熬夜的恶习彻底改正。如果没有养成早起的习惯，我肯定还处于那个熬夜成性、无精打采、忙忙碌碌、无所长进的状态，不敢想象 5 年或 10 年之后会成什么样子。

早起的一些注意事项

尽管我“轻松”地养成了早起的习惯，但毫不避讳地讲，过程中也不是完全无痛的，我有时也会面临痛苦、挣扎，毕竟养成一个习惯并不容易。在这里，我把自己的一些感悟和心得分享给大家。

一、早起的前提是早睡。早起并不意味着缩短睡眠时间，而是改变睡眠的时机。比如我晚上一般 10 点半左右睡觉，早上 5 点半左右起床，这期间已经有了约 7 小时的睡眠时间，再加上中午半小时的午休，全天的睡眠总时间也在 7~8 小时左右，并没有减少。

二、初期会有一个相对痛苦的适应期。在经历两周左右的兴奋期之后，我开始进入适应期。因为生活习惯一下子改变，身体还没来得及适应。其间会出现醒来却不愿意起床，或是上午连续打哈欠、精力不足、黑眼圈加重的状况，这个过程大约持续了两个月才慢慢好转。一旦过了这个适应期，早起难度就小了。当时，让我继续坚持的动力是：无须闹钟就能醒来的神奇体验以及出门散步享受静谧早晨的感觉实在是太好了，我宁愿再坚持看看也不愿轻易放弃。

三、循序渐进、难度匹配。首先，在起床时间上不要一步到位，刚开始主要是感受睡眠节点，能不用闹钟醒来就好，千万不要追求过早的起床时间，而让自己陷入不适或痛苦的状态。其次，在内容选择上不要一步到位，根据实际情况来，不需要像我一样选择去跑步，这样可能会给起床带来压力，尤其是冬天。刚开始的两个月里，我起床后的活动是散步或快走，是纯享受，而且当时正好是不冷不热的秋天，后面才慢慢开始学习和跑步。最后，在环境过渡上不要一步到位，这主要是指冬天起床。如果有条件，尽可能保持室内温度适宜，醒来后能不费力地从被窝里出来。冬天，去锻炼之前要先在室内做好准备活动，通常我会花 20 分钟左右的时间热身，待身体完全苏醒发热后再出门，这样，哪怕温度在零下，我也不会觉得寒冷。难度匹配原则很重要，如果醒来后要直接面对寒冷的环境，我们肯定会因为痛苦感太强而放弃。

四、感知睡眠节点。如果你一时感知不到睡眠节点也别担心，因为睡眠节点的感知因人而异。你可以试着在睡前进行自我暗示和提醒，正如你明天要早起赶高铁，你就会大概率提前醒，因为你心里装着这个事。这种利用潜意识进行自我提醒的方法得到了很多人的验证，如果你一时没有感觉，可以多试几次。

五、按状态起床。假如你真的在早上 4 点就醒了，而你从来都没有起过这么早，这个时候要不要起床呢？我的建议是：状态优于时间。如果你醒来时还是迷迷糊糊的，那就再睡一个周期（1.5 小时）。若是感觉神清气爽，就可以起床。不要担心起得太早上午精力可能不够用这个问题，我们的身体有很强的适应能力，我们能早早醒来就说明身体已经做好了准备。

六、中午需要午休一次。如果当天早起，到了中午时我们就会产生困意，在饭后午睡半小时就可以让我们快速恢复精力，这样，下午依旧可以精神饱满。午休很重要，最好不要省去。

七、不打扰他人。如果你不是独居，最好事先跟家人或室友沟通一下，表示不会影响他们休息，通常我们都会得到对方的支持。如果你准备第二天起来跑步或读书，那么，在头天晚上就要提前把衣物、书籍、水杯、电脑之类的东西准备好，当然，这些东西要放在卧室外。起床时动作轻一点，让人感觉你只是正常起夜。

八、提前准备。除了晚上提前准备好衣物，更重要的是要提前想好起床之后具体要做什么，比如第二天早上要是下雨了（不能外出跑步）应该怎么调整事项，如果晚醒了半个小时又该安排哪些学习内容……总之，要针对各种可能出现的情况做好预案。当脑中有具体清晰的目标、规划和步骤时，第二天起床才不会犹豫，否则很容易临时改变主意再睡一会儿。情绪脑追求舒适的意愿是很强烈的，但如果理智脑提前和它沟通好，行动的阻力就会小很多。

九、明确遇到哪些情况时可以不早起。早起要考虑实际情况。偶尔几次无法早起时不要焦虑或内疚，只要给自己定好原则就行，比如遇到以下几个场景我就允许自己晚起床：

- 生理低谷期；
- 前一天晚上参加聚会，睡得太晚；
- 第二天需要开长途车或做其他需要消耗大量精力的重要活动；
- 环境突然变化，不适合早起活动……

以上是我通过 4 年的早起实践获得的一些体悟，希望能给大家一些启发，让你的早起之旅变得更加科学和轻松。当然，由于每个人的生活环境不同，个人的毅力、认知程度、体质都不一样，是否适合早起，还得根据实际情况来尝试和决定。

另外，如果你现在还是学生，我不建议你刻意追求早起，因为学校作息是相对固定的，而睡眠对于学习非常重要。如果你为了早起影响了睡眠质量，导致白天上课时犯困，那么即使你通过早起得到了更多学习时间，通常也是得不偿失的。更好的做法是按照学校的作息安排好时间，努力用科学的方法提高学习效率。等今后离开学校，走上社会，有了更多的自主时间，再尝试早起生活不迟。

对于其他人，我想你只要真的受到了触动，就会行动。正如当初我就是被《4 点起床：最养生和高效的时间管理》中的一句话触动之后才开始行动的——成功人士一旦发现别人的好习惯，就会立刻将这个习惯变成自己的。现在我把这句话转送给你，或许它也会成为你开始早起的催化剂。

第二节

冥想：终有一天，你要解锁这条隐藏赛道

这是一件一开始我不相信，明白后却无论如何都要坚持做的事——**冥想**。

我知道你看到这个词之后心里在想什么，我当初就是这样，觉得惊诧、不可思议，毕竟在大多数人的观念中，冥想、打坐、禅修等似乎都是那些与世无争的人做的事。但我建议你认真对待一下这件事，因为它会扎扎实实地影响你的生存质量与竞争力。

稍微了解一下，你便会知道很多顶尖人物都在运用这一工具，比如比尔·盖茨、尤瓦尔·赫拉利，等等，可以说，冥想就是一条隐藏的成长快车道。

知道秘密的人都悄悄地解锁了这条隐藏赛道，让自己在某些方面遥遥领先，所以你若想更好地崛起，不妨随我一同探视这项活动背后的秘密，拾取这把解锁的钥匙。

不可不知的“七个小球”

普通人和聪明人最大的能力差异是什么？是长时间保持极度专注的能力。正如《暗时间》一书的作者刘未鹏所说：能够迅速进入专注状态，以及能够长期保持专注状态，是高效学习的两个最重要的习惯。

在成绩不好的人眼里，成绩好的人全身心投入时的专注力是很强大的，普通人只能感慨自己没有这种能力，哀叹自己总是分心走神，甚至怀疑自己的脑回路和那些聪明人的不一样。

事实并非如此。我们同为人类，基本配置都差不多，没有谁的大脑更加特殊，但是人们在大脑的使用上确实有差异，这个差异就是使用“工作记忆”的能力。人类的大脑看起来很厉害，但意识所能处理的信息数量并不多，平均为 7 ± 2 个[①]，有的人多些，有的人少些，但都在 7 个左右浮动。

如果你是第一次听说这个知识，可能会怀疑我是在胡说八道，不过我不需要阐述科学原理也能让你信服。不信的话，你可以尝试记住一些完全不相干的数字或不熟悉的物品的名称。在短期内，通常你只能记住 7 个左右，多了就记不住了。同样，在生活中我们通常也只能同时记住六七件事；在工作记忆饱和的情况下如果又接收到一个新的信息，那你只能移除一个旧的信息。这就是为什么你明

① 该理论源于哈佛大学认知心理学家乔治 • 米勒于 1956 年发表的著名文章《神奇的数字 7 ± 2：我们信息加工能力的局限》。

明想着去晾洗衣机里的衣服，但接到快递员的电话后，转眼就把晾衣服这件事给忘了，因为它已经从你的工作记忆中移除了。为了方便表述，我就以 7 为基准，就像一周有 7 天一样，我们可以想象自己的脑子里有 7 个小球，它们代表我们的脑力资源。

不难想象，成绩好的人的真正优势在于，他们能够长时间让“7 个小球”同时关注一件事情，以保证高质高效的学习，而在成绩不好的人脑中，很可能一个球在播放背景音乐，一个球在想晚上吃什么，一个球在担心即将到来的考试……真正用于学习的小球或许只有三四个。而且，不学习的小球还可能干扰或压制正在学习的小球，这就可能造成 7–3 ＜ 4 的效果，而成绩好的人的小球在集中配合的情况下，可能产生4+3 ＞ 7的效果。你可以想想，日积月累，这种脑力差异会使人产生什么样的差距。

所以，**人和人之间的能力竞争，说到底就是脑力资源利用率的竞争，你能多开发一个小球的脑力，就多一点竞争力**。好在这种差异并非不可逾越，大脑的 7 个小球是可以被训练的，借助恰当的方式可以让它们目标一致，共同协作。这种理想的训练方式就是冥想。

在冥想过程中，我们仅需把注意力全部集中到呼吸上，也就是说，让 7 个小球同时做一件事，如果其中某个小球“走神”了，把它柔和地拉回来即可。坚持这种练习，你就能养成专注的习惯，将专注变成无意识的行为，在不冥想时也能自动抑制思维离散，控制涣散的精神。换句话说，“7 个小球”都能在需要的时候为你所用。

现在，你终于知道这个看起来什么都没做、与学习毫无关联的活动，是如何使一个人变聪明了吧？

科学研究表明，通过这种集中注意力的冥想练习，人大脑皮层表面积增大，大脑灰质变厚，这意味着这种练习可以从物理上让我们变得更加聪明，因为一个人大脑皮层表面积和大脑灰质厚度是影响人聪明程度的因素。

我们平时学习各种技能，比如钢琴、游泳、体操等，都会提高相关脑区的神经元密度，促进脑细胞之间的信号沟通，但是这些练习一旦停止，神经元就会开始减少，而冥想带来的改变是持久的。

闭眼静坐，专注于自己的呼吸，每天持续 15 分钟以上……你会感受到它的效果。当然，把它看成一种健脑操（事实上它就是），就像我们通过举哑铃锻炼自己的手臂肌肉一样，你就能更好地理解了。只是这种锻炼并不像肌肉锻炼那样直观，所以很多人并不相信，也不愿意去做。但了解了这部分内容后，你现在还需要更多理由吗？仅仅知道冥想能让人变得更聪明，你就可以试试看了。

保持情绪平和，不过如此

我很想知道这“7 个小球”在你的想象中呈现什么形态。在我的理解中，这些小球大部分都非常“轻”。一个不切实际的幻想、一个电视剧中的场景、一件要做的事情，都可能让人的思绪瞬间脱离现实，毕竟，想要改变现实世界很难，但在脑中幻想改变，成本约等于零。所以人们一旦在现实世界中受困受阻，就会不自觉地去虚拟世界体验舒适与自由，人类避难趋易的天性也正好有了出口。

《心流》一书的序言中有这样一个比方：一个人从外表看是在静坐，但内心却如同瀑布一般，无数念头蜂拥而来……脑中就像热锅里的气体一样，各个念头之间没有什么束缚和联系，各自撒开脚丫欢快地狂奔，内心一片混乱，熵值非常高。

这正是人们分心走神、幻想丛生时的真实写照。我甚至能想象这些小球在大脑这个小“房间”里像乒乓球一样反弹跳动的场景。这种混乱让人心浮气躁、缺乏耐心，对眼前的事物无法保持专注，只想做更轻松、更有趣的事。

还有些人会因这种习惯，每天睡觉前不自觉地开启“胡思乱想”模式，杂念丛生，无法安然入睡。他们虽躺在床上，脑子里却像一壶刚烧开的沸水，思绪难以平静，彻夜不眠。

当然，有些小球很“重”，犹如铁球一样沉在“房间”的某个角落。这些重量来自巨大的压力，比如经济压力、职业困境、情感危机、社交恐惧等，沉重的情绪如同磐石一般压在大脑中，挥之不去。人们既无法赶走它，又不愿去碰它，于是不得不让它长期占据着自己的心智带宽，让人无心做事、郁郁寡欢。

一轻一重，很多人无法摆脱这两种情绪，为此苦恼不堪。一些人甚至盲目求助各路“心灵导师”，花费不菲，最终也没找到解决问题的办法。事实上，你无须求助任何人，也无须花费钱物就能完成自救。开始冥想，时常练习，你就能渐渐走出情绪困境，成为一个凡事心气平和、稳若泰山的人。

对于那些过轻的小球，保持专注就能给它们加码，让它们稳定下来；对于那些过重的小球，你冥想时必须正视它们、接纳它们，否则你无法做到专注。一旦正视、接纳之后，那些隐性的压力也就不那么让你伤神了，这也是我一直倡导大家把心中的困惑写出来的原因，因为只要写出来，那些紧张、担忧、畏惧、害怕等情绪就会在清晰的观察下无处遁形，小球的重量自然会减轻。只要持续练习，脑中的小球就能保持最佳质量，既稳定，又可控，人们就能把注意力和情绪锁定在一个相对理想的状态下。

可见，冥想并不只是我们想象的那种心灵修炼活动。当我们用知识去观察它的时候，就会发现原来这个看似虚无的技能正是我们的制胜之道。

第三节
阅读：如何让自己真正爱上阅读

人做决定时，分两个层次。

第一个是“情绪决定”，比如看到人家健身、摄影、画画时，自己的肾上腺素开始飙升，马上表示自己也想做；

第二个是“理智决定”，理智决定同样表示想要一样东西，但表示人必定已经想好了为什么要做、怎样去做以及可能遇到的困难等问题。

习惯做“情绪决定”的人，凡事倾向于半途而废，而善于做“理智决定”的人则更容易让想法变成现实。

读书这件事也是如此。当人们开始厌恶现状，期望变得更好时，第一件想做的事通常是读书。因为在很多人眼里，那些智者都是嗜书如命的，可见书本一定给了他们不一样的东西，所以不管怎样，多读书肯定是好的。这种仅凭借强烈的愿望做出的决定就是情绪决定。

一想到读书能让人变好，人生的希望似乎就在自己眼前，于是我们抑制不住地向他人索要书单，然后立即去网上或书店疯狂购书。我们把书从书架上取下或在网上点下付款按钮的一瞬间，那种快感简直无与伦比——似乎只要占有这些书籍，这些知识就变成了自己的，但真到翻开书时，就兴趣全无了。深奥的理论、抽象的逻辑、枯燥的案例、黑白的色调……阅读体验和想象中相差十万八千里，远不如刷手机来得轻松有趣。没过几天，书就再也翻不动了，原先看起来欣喜若狂，现在看起来面目可憎，我猜你的书柜里还有不少没有拆封或落满灰的书吧？

另一群人稍好一些，他们能坚持阅读，并且读得极多、极快，一年读上百本书，真的是“嗜书如命”，但唯独不能让他们满意的是读了那么多书却没有任何改变，甚至脑子更乱了。

读书这件事虽然好，但陷阱不少，不是想读就能读的。很多时候我们都处于“假阅读”状态，并且没有意识到这是由低层次的“情绪决定”引起的。如果你正好有这类困扰，不妨随我一起做个“理智决定”，让自己真正爱上阅读。

换个角度看阅读

未来学家凯文·凯利在谈到“如何快速成为一个行业的高手”时，讲过这样的经历。他的一位朋友想进入一个全新的领域，但没有任何经验。怎么办呢？这位朋友就跑去参加领域内的各种行业会议，会上听专家分享，会下抓住机会和专家交流、请教。3 年的时间，他几乎和这个领域内最顶尖的专家都交流了一遍。通过不停学习、积累，他开始慢慢地输出观点，当然，刚开始的观点多是综合别人的观点得出的，后来就逐渐形成了自己的见解。3年后，这位朋友也成了这个领域的专家，大家开始付费邀请他去论坛演讲。

归结起来就是一句话：**想要快速成为一个行业的高手，最好的方法就是和行业专家交流，直接向他们请教**——这大概是最高级的成长策略了。但现实是普通人很少有这样的机会和资源。

怎么办？阅读。

书籍是传承思想的最好介质，顶级的思想都能从书籍中找到，只要**选书得当**，就能以极低的成本找到行业里顶级的思想。这些思想通过书籍被清晰无误地记录下来，简洁精练，甚至还经过了上百年时间的沉淀和检验，而你只要花上几十元就可以直接获得。从这个角度看，读书不再是扫视白纸上黑字的重复动作，每读一本书实际上就是在进行一次名人访谈，就是在和顶级的专家交流谈话。

这种交流谈话既不用花费巨额路费，也不用考虑时间限制，更不用担心对方缺乏耐心。只要你愿意，那些顶级的思想者便会为你反复“讲解”，所以还有比这更舒服的事情吗？可以说**读书就是用最低廉的成本获取最高级成长的策略**，这是所有人提升自己的最好途径。

除此之外，书籍可能是一段生命经历、一种奇妙见闻，也可能是一场奇思妙想。当我们拿起《活出生命的意义》，就可以跟随维克多·弗兰克尔去纳粹集中营感受绝望中的重生；当我们捧起《三体》，就可以进入刘慈欣描绘的宏伟雄壮的星体文明世界……

脚步不能丈量的地方，文字可以；视线无法触及的地方，文字可以，文字还可以带我们穿越时空与千百年前的顶级思想家交流。时间和空间都不再成为束缚，这可是无法轻易拥有的能量，但阅读能够帮助我们获得。

不读书，只能想自己的所见所闻，而读书、持续地读书、持续地读好书，则相当于和古今中外的顶级思想家处在一个朋友圈。

留心的话，你还会发现**几乎所有的书籍都是智者看待事物、做选择、决策的过程**。看多了之后，就能借助他们高明的视角来提升自己的选择能力，而我们每个人的命运不就是各种选择的结果吗？所以阅读改变命运，就是从改变我们的认知和选择开始的。

现在再看看你身边的书，你还觉得它仅仅是本书而已吗？

阅读，让人拥有高密度的思考

远古时代，我们的祖先为了更好地生存，学会了记住那些危险的场景，以便在需要的时候能快速做出反应，否则每次遇到野兽时还要思考到底危不危险，那样他们可能早就被吃掉了。我们的大脑就是这样运行的：思考一次，记住，下次遇到同样的情况时只要调用原来的记忆就好了，不需要重新思考，因为思考这件事对大脑来讲是非常缓慢和耗能的。大脑很聪明，能巧妙地化繁为简，但后遗症便是，我们越来越依赖通过调用记忆或者说是利用习惯来做决策。

人，生来追求简单舒适，在无觉知的情况下能偷懒就一定不会费力，这使绝大多数人天生抵触思考。然而，我们早已从远古文明进化到了科技文明和信息文明，在现代社会，人与人之间的根本差异是认知能力上的差异，而认知能力极度依赖思考能力，可以说，思考能力是我们立足现代社会的根本竞争力。所以，目光长远的人都会主动、刻意地磨炼自己，尽力提高每天的思考密度。

比如查理·芒格就说过："我这辈子遇到的聪明人没有不每天阅读的，一个都没有。"反观我们自身，思考密度其实是很低的：待人接物、安排日程、组织活动、开汽车、用手机……绝大多数时候只是调用原有的记忆模块，顺着习惯做出反应而已，真正的思考其实并不多。那如何才能快速提高每天的思考密度，让自己在未来更具竞争力呢？

阅读！

阅读可以让我们的思维能随时与顶级的思想交锋，对一个主题进行深度全面的理解，并与自己的实际充分关联，这种思维状态在平淡生活中是很少有的，但是只要拿起书本就可以马上拥有。我们每天花费在阅读上的时间越多，花在无意义的娱乐活动上的时间就会越少，思维密度就会越来越大。通过长年累月的积累，坚持高密度思考的人会与习惯低密度思考的人产生巨大的差距，这正是我们现在要仰望智者的原因。

阅读是一个技术活

虽然每个人都能拿起书就读，但不意味着读书这件事门槛低。事实正好相反，读书是个技术活，如果技术不佳，就会陷入低效的努力，所以，要想让自己真正爱上阅读，最好擦亮眼睛避免走进以下几个误区。

一、读书要先学会选书。初读者在选书的时候往往喜欢向厉害的人索要书单，这样做无可厚非，但我认为更好的方式是先向自己提问："什么是自己当前最迫切、最需要解决的问题？"毕竟每个人的需求不一样，如果读的书不贴合自己的需求，那就很容易陷入为读而读的境地，而读书之后若是能立即解决自己最迫切的现实问题，自己就能马上感受到阅读的乐趣与好处，这会激励我们继续读下去。所以书单可以参考，但不要视其为唯一的选择标准。

另外，我们还要选那些阅读难度刚好让自己处在舒适区边缘的书，具体讲就是读起来有一点点难，但又能刚好读懂的书。不管别人说一本书有多好，只要你读起来觉得太难，也没什么兴趣，那最好不要硬着头皮去读，因为它和我们之间肯定还存在着一些信息缺口。强行去读，自己会很痛苦，阅读的兴趣也会很容易被消磨掉，所以在初读的时候，一定要让**兴趣、难度、需求**三者尽可能匹配。

如果一本书选得好，那在读完它之后，通常你会有意愿继续读下去。另外，记得留心你认为好的书里面被作者多次提到的书，这些信息往往都是你继续发现好书的线索。

选书比读书本身更重要。书籍是精神食粮，我们"吃进"的东西会在我们身上表现出来，如果不分好坏见书就读，可能会“读出一身病”，这样读书还不如不读。所以选书的时候一定要警惕，肤浅的内容加上商业运作，这样的书反而会对你产生不好的影响。多关注那些经过时间检验的书籍通常不会错。

二、阅读是为了改变。很多人以为一本书只要读完，读书的过程就结束了。事实上，阅读只是整个过程的开始，阅读之后的思考、思考之后的实践比阅读本身更加重要（这里主要指非虚构类书籍）。很多人的阅读仅停留在表面，读的时候觉得这里好有道理、那里好有道理，读完之后就不闻不问了，然后迅速转移到下一本书中，这种满足于录入的阅读造成的一个直接后果便是，一段时间之后再去翻这本书就好像之前没有看过一样，所有的痕迹都烟消云散了。**真正读好一本书，往往需要花费数倍于阅读的时间去思考和实践，并输出自己的东西——可能是一篇文章，也可能是养成一个习惯——这个过程比阅读本身要费力得多。**

从权重上看，阅读量 < 思考量 < 行动量 < 改变量。阅读仅仅是最表层的行为，最终的目的是通过思考和行动改变自己。就像你读了一本关于冥想的书、懂得了冥想的一百个好处和一百种方法，但从来不练习，远不如你只懂得一种好处和方法但能每天持续冥想15 分钟。

这也回答了另外一个问题，阅读的深度比速度重要，阅读的质量比数量重要。读得多、读得快并不一定是好事，这很可能是自我陶醉的假象。如果读书只是完成了文字扫视，但并不真正理解，那又有什么效率可言呢？如果阅读只是知道了那些道理，而自己并没有发生任何实质改变，那又有什么意义呢？所以读书慢不要紧，即使你一个月只能读完一本书，但能读通、读透，产生巨大的改变，那也比 3 天读 1 本书不知要强多少倍。

只要紧紧盯住“改变”这个根本目标，很多阅读障碍就会立即消失。比如我们根本不用在意自己读后记住多少内容，即使整本书都记不起来了也没关系，只要有一个点、一句话触动了自己，并让自己发生了改变，这本书就没有白读。所以，面对海量的知识，你根本不需要焦虑，用不了多长时间，你就可以气定神闲地看着周围的一切，看着有些人极其焦虑地追求速读、刷阅读量，收集了一大堆和自己实际需求并没有太大关联的知识。如果你有了那种感觉，说明你基本上已经跳出大多数误区了。

三、高阶读书法。对于阅读来说，跳出误区也只是刚好回到平地，如果还想继续进阶，我想下面这两个建议非常值得你关注。**第一个是要特别注意自己在阅读时产生的关联。**如果一个知识点让你想起了其他的知识、引发了关联，一定要留意，并把它记下来。知识产生关联说明知识网络正在形成或加固，这么做还可能创造新知识，这正是学习的核心方法之一。**第二个是读写不分家。**如果你在阅读后还能把所学知识用自己的语言重新阐释，甚至将它们教授给他人，那这个知识将在你脑中变得非常牢固。

阅读是每个人都能获得的平等、希望和机会，如果你希望自己变得不同，那就请用一生的时间去探索、实践。

第四节

写作：谢谢你，费曼先生

在没有互联网时，普通人想通过写文章获得大量反馈是一件很难的事，即便文章登上报纸、上了杂志，也得耐心地等待读者的回信或电话。而现在只要鼠标轻轻一点，几秒之后就有可能收到读者的留言或点赞。如果文章写得足够好，反馈就会像潮水一样在短时间内涌来。

每每体验到这种美妙，我都要在心里感恩一下这个时代，这福利不仅带来及时的反馈，而且总会夹带一些惊喜，比如我经常收到这样的留言。

- 这不是费曼技巧吗?
- 好像是费曼学习法吧?
- 与费曼学习法异曲同工。
- 将费曼技巧使用得出神入化。

说起来真让人不好意思，初次看到这些评论时，我其实一头雾水，因为那时的我孤陋寡闻，并不知道谁是费曼，什么是费曼技巧。我只好去一通恶补，结果发现“费曼先生”和“费曼技巧”在学界原来如此大名鼎鼎，而自己的写作竟然能和他挂上钩，这不禁让我感到一丝骄傲。同时我也非常好奇：为什么在不知情的情况下，我能使用与费曼先生类似的技巧呢？我想要搞清楚其中的缘由。

费曼先生和费曼技巧

先说说费曼先生吧，他是一个很厉害的物理学家。有多厉害？他获得过诺贝尔物理学奖！这可是科学界目前最高的学术荣誉。费曼先生之所以厉害，除了有强烈的好奇心和韧性，应该还与他独特的思维习惯有关。

说到这里，不得不提到他的父亲麦尔维尔，他在教育孩子思考方面很有一套。比如有一次他给小费曼读《大英百科全书》中关于恐龙的知识：“恐龙的身高有25英尺[①]，头有6英尺宽。”读到这儿，他没有继续念下去，而是停下来对费曼说：“我们来看看这句话是什么意思。也就是说，假如那东西站在我们家的前院，它那么高，足以把头伸进楼上的窗户。不过呢，由于它的脑袋比窗户稍微大了些，它要是硬把头挤进来，就会弄坏窗户。”这样一解释，原本陌生的概念就有了熟悉的事物作为参照物。

麦尔维尔总是通过自己的语言把知识变成有实际意义的东西，

① 1英尺≈0.3048米。

费曼无形中从父亲那儿学会了一个很有力的学习技能：翻译，**即无论学习什么东西，都要努力琢磨它们究竟在讲什么，它们的实际意义是什么，然后用自己的话将其重新讲出来。**

另外，麦尔维尔还会时常问他类似这样的问题：“假设火星人光临地球，而他们从来不睡觉，所以当他们问你‘什么是睡觉’时，你该如何回答呢？”这问题看似简单，但不容易回答。不信你试着答答看，你会发现，向一个没有任何背景知识的人说清楚一件事是很难的。

正因为这种有意无意的训练，费曼养成了一种独特的思维习惯。在从事物理研究的时候，他也会要求同事在向他汇报或者解释一个新事物时，必须用最简单的话来讲清楚。一旦解释过于冗余或者复杂，就说明他根本没有理解透彻。所谓费曼技巧就是**通过自己的语言，用最简单的话把一件事情讲清楚，最好让外行人也能听懂。**

除此之外，没有别的了。大名鼎鼎的费曼技巧难道不是什么复杂精妙的技法？起初我也是这么认为的，但在查阅了大量资料之后，得出了这样的结论。也许这就是大道至简，只是我们习惯了烦琐和复杂。

误打误撞的好运

我不像费曼那么幸运，没有一个从小给我讲形象故事的老爸，不过我也很幸运，因为我能自己阅读。

2016 年 11 月，我读了刘未鹏的《暗时间》，书中的一个观点让我至今印象深刻。

> 你不能自己站在 11 层，然后假设你的读者站在第 10 层，指望着只要告诉他第 11 层有哪些内容就让他明白。你的读者站在第一层，你必须知道你脚下踩着的另外 10 层到底是怎么构造的。这就迫使你对所掌握的，或之前认为正确的那些东西做彻彻底底的、深刻的反思，你的受众越是不懂，你需要反思的就越深刻。

或许刘未鹏当时也不知道什么是费曼技巧，但学习这件事，探索到最后肯定是殊途同归的，所以我误打误撞地遇到了这个思维好运，无意中开始运用起这个简单而又高级的技巧。因为从那时起，我就懵懵懂懂地意识到：要让外行人也能看得懂我写的东西。

那一年，前文提到过的罗振宇的“缝接扣子”学习方法也深深地触动了我。虽然他也没有提费曼技巧，但其底层逻辑也是一样的：用自己的语言解释新概念。

回头看，刘未鹏和罗振宇对写作和阅读心法的描述本身就很契合费曼技巧，因为他们都没有用抽象的概念来解释，而是分别用“11 层楼”和“缝扣子”的形象比喻，让人一看就懂，然后牢牢记住。而我现在的写作风格，也正是因为有这种意识的支撑和引领才得以塑造。但客观地说，我对这种能力的理解和运用还十分有限：要么说得太多不够简单，要么无法完全用自己的话说清楚。

尽管如此，我也体会到了这种力量的强大。好消息是，我现在已经能够把它拎出来主动运用，而不再是模模糊糊地误打误撞了。

用简单的语言

写作，仅仅是费曼技巧在一小方面的体现，事实上费曼技巧是一个能广泛运用的学习方法，因为它触及了人类接触信息的根本方式。如果你了解人类大脑的基本构造，就知道我们的大脑里同时住着“理性”和“感性”两个小人。理性小人很高级，但感性小人更强大，所以绝大多数时候，我们的行为都由感性主导，包括接收信息。

这就不难理解为什么我们每个人都天生喜欢轻松愉快和简单的事情，比如在读书或读文章的时候，我们往往更愿意听故事而不是听道理。只要想明白了这一点，我想任何写作的人都会调整自己的创作方式。

比如**先用合适的故事引起对方“感性小人”的兴趣和注意，然后把想要表达的道理通过“感性小人”转达给“理性小人”**，这是一个很好的策略，两个小人都会很满意。

特别是讲知识、讲道理的书籍，最好不要随意堆砌抽象概念，让人感觉很高深，看得云里雾里的。如果上来就摆图表、讲模型、说概念，或许“理性小人”没什么意见，但“感性小人”早就不耐烦了，于是他拉起“理性小人”的手说：“没意思，我们走吧。”“感性小人”的力气很大，所以说教式的写作很难吸引读者。当然，我们也不能成为“标题党”，把人吸引过来之后，又没有什么实质性的内容，这样，“理性小人”也会不满意。

比如采用像聊天一样的方式写作就会让文章显得很自然。很多初学写作的人都过于把写作当成一回事，写着写着就开始说教了，实际上，若是你把写作当成是与一位老朋友聊天，过程就会变得不一样了。你想啊，聊天是一件多轻松的事情啊，也是每个人都愿意做的事情。你在聊天的过程中必然不能显得太严肃，不能太高高在上，也不能只顾着讲自己，你肯定得观察对方的感受，所以**好的写作就是聊天，好的聊天也是写作。**

说来说去，能用简单的语言就不要用复杂的，这就是费曼技巧的核心之一。不过，简单不仅仅意味着轻松，还意味着简洁和形象。

比如我自认为对“刻意练习”这个概念颇有研究，经常用“信息缺口”“舒适区边缘”等概念指导别人读书，有时候还用“跳一跳就能够得着”的比喻来说明，还觉得这已经很了不起了。而文学大家木心先生在谈及读书时是这样说的：“开始读书，要浅。浅到刚开始就可以居高临下。”意即刚开始读书的时候，一定要读那些难度符合自己阅读水平的书，不要一上来就读很深奥的书，否则会带来不好的体验，打消自己阅读的兴趣。这令我醍醐灌顶。没有抽象的概念和名词，寥寥数语、浅显易懂，却道尽了“刻意练习”的精髓。

又一次，读者“晴天”问我：前额皮质、元认知、理智脑这三个概念是什么关系？我突发灵感，想到了一个类比：前额皮质就是理智脑和元认知的“肉身”。这次算我扳回一局，因为想到一个合适的类比是一件非常难得和宝贵的事。

我们大多数人都低估了类比（比喻）的作用，认为它只是文学中的一种修辞，事实上，它是我们的思维方式，更是我们的认知工具。认知语言学科的创始人乔治·莱考夫曾这样定义和评价“类比”。以一种事物认知另一种事物，恰恰是学习的本质！因为人类只能通过已知事物来解释未知事物，我们很难凭空去理解一个自己从未见过的东西。而类比，正是连接未知事物与已知事物的桥梁。

如果你能在写作中运用合适的类比，就能简化大量的概念，以一种非常神奇的方式让人接受和理解。就像前文提到的“11层楼”“缝扣子”“头脑中的两个小人”……这些类比不用耗费什么脑力，就能让你轻松理解一些复杂的原理。难怪李笑来在写作时始终坚持这样一条：大量使用类比，除了类比和排比，尽量不使用任何修辞……如果你时常践行这一原则，就会慢慢发现，自己不仅写得更好了，也学得更好了。

用自己的语言

费曼技巧的另一个核心就是“用自己的语言表达”，这一点比“用简单的语言表达”更为关键和奇妙。因为只有当我们使用自己的语言去解释所学时，才会真正调动自己原有的知识，才能将松散的信息编织成紧密的体系和网络，甚至创造新的认知。换言之，**用自己的语言重新表达就是在调动自己的千军万马。**

遗憾的是，很多写作者并不重视这一点，以致长期停留在“知识陈述”层面，无法达到“知识转换”层面。比如一些人读完一本书之后，把全书的框架和观点罗列一番就认为完成写作输出了，这其实远远不够，顶多算是把别人的知识挪了个地方——你只是多了些“军马”，但并不能调动它们，这是无用的。

好的写作肯定要用自己的语言将所学之物重新解释。尽管这样做比较难，尽管一开始肯定做得不好，但它必定能让你迈进深度学习的殿堂，飞速进步。

我们再回顾一下前面提到的王云五先生自学英语的方法。从中可见，用自己的语言表达或重新解释的方法就是深度学习，对深度写作来说，这也是一种利器。

肯定会有人提出这样的疑问：很多观点早就被前人写过了，自己再写一遍也无法超越他们，这样做还有什么意义呢？关于这个问题，《刻意学习》一书的作者 Scalers 曾这样回答。

> 你自己想明白的，是从你的体系中萌芽生长出来的；而从

> 书上看到的，非常容易停留在做个笔记画个线，涂个手绘画个圈，自以为懂了的层面。不要害怕书上早就写了，我们每个人都可以在这个世界上，刻画出一条与众不同的轨迹。

所以，一个人想要真正成长，一定要学会写作，因为“只读不写”的学习是不完整的，是低效的。**而写作时如果不学会用自己的语言转述，则是无用的**。

正因为如此，我们最终都应该成为一位教授者。这不是为了获取讲师的身份，而是为了自己能够学得更好，因为“教”才是最好的“学”。教授他人会逼迫我们通过自己的语言，用最简单的话把一件事情讲清楚，甚至让外行人也能听得懂，而写作的优势就在于它可以让我们在磨炼这项技能的路上不断调整、反复修改，直至自己满意。

谢谢你，费曼先生

某天，我的连襟陈平先生邀请我去看他新装修的别墅。走进别墅的那一瞬间，我突然意识到写作和房屋装修其实是一回事：房子的结构就像我们的思想，而房子的装修就像我们的表达。用简单的语言表达，可以让人舒适；用自己的语言表达，可以体现个性。当人们走进舒适而个性的房子时，就愿意待在里面，进而去关注它那合理巧妙的结构布局，否则，一间屋子就算结构再合理，走进去却是毛坯，估计没多少人愿意待在里面。

我好像又找到了一个不错的类比，但是和费曼先生相比肯定还有很大差距。如果你有兴趣，记得去读一读《别逗了，费曼先生》一书，你会了解一个别样的费曼：智慧、率真、热烈、不羁，一半是天才学者，一半是滑稽演员。他总是能在别人意想不到的地方打破众人的期待，让人捧腹，让人动容，我坚信，那样的生命值得被了解。

非常庆幸自己与他产生了交集，也庆幸他留下了这个充满智慧的概念——费曼技巧。

所以借此机会，我想说一声：谢谢你，费曼先生！

第五节
运动：灵魂要想走得远，身体必须在路上

身体是成长的本钱，因为从长远看，脑力竞争的背后其实还是体力上的竞争。

“四肢发达，头脑简单。”这话不知道坑了多少人。

起初，这句话还是有道理的。古时候人们生活和学习条件有限，体力劳动者为了生计，必须长时间参与劳动生产，难有更多时间和财力去学习知识，因此文化程度普遍较低。而读书人为了考取功名，也只能在室内埋头苦读，体力锻炼相对较少，因而显得弱不禁风。

或许是人们观察到了这种客观现象，自然而然就有了“四肢发达，头脑简单”的描述，又或是读书人为了维护群体尊严，也倾向于宣传这类观点。一来暗示体力劳动者虽然身体强壮，但没什么了不起的，二来暗示读书人弱不禁风并不可耻，有头脑比什么都强。

然而语言会反过来影响思维，这句描述现象（What）的话，

可能被不明就里的人理解为原因（Why），比如身体好的人会想：也许自己天生不是读书的料；而学习好的人会想：不锻炼也无所谓，四肢发达，头脑也许会变笨。似乎体力和脑力之和是一个固定值，一方面占比多了，另一方面就自然会少。然而事实果真如此吗？拨开迷雾之后，真相或许会让你大吃一惊。

好的事物往往是“正相关”的

英国科学家弗朗西斯·高尔顿发明了统计学上的一个重要概念：相关性。他发现，如果一个人的智力水平高，那这个人的其他方面往往也不错，比如自律能力、经济水平，包括身体条件都更好，也就是说，好的事物往往是正相关的。那能不能由此推导出：身体好和头脑好也是正相关的呢？我认为答案是肯定的。

因为运动能够调节人体的各种激素，使人达到最佳状态，使身体这个内部生态系统充满能量和活力。**时常运动的人，体内生态系统犹如一汪清泉，而久坐不动的人，体内生态系统则更像是一潭死水**。长此以往，一些不愿意运动的人则更容易滋生焦虑、抑郁、消沉、低落等各种不良情绪，并且压力产生的毒素会破坏大脑中几十亿个神经细胞之间的连接，逐渐使大脑的部分区域萎缩，这表明，一个长期缺乏运动的人可能会变“笨”。

而另一个让人觉得不可思议的好消息是：**运动能够使大脑长出更多的新的神经元，这意味着运动可以在物理上让人变得更“聪**

明”。要知道我们每个人在遗传父母的基因时，大脑起始水平必然有差异，比如在相同的脑区，有的人神经细胞多，有的人神经细胞少，因此，不同的孩子在语言、图形、音律等方面体现出明显的天赋差异。但凭借后天的学习和发育，这些生理差异逐渐缩小，人与人之间的角力都集中在努力程度上。然而脑科学的发现却提示我们运动能够启动“神经新生”，同时**由于注意力、意识和运动脑区之间有大量重叠，所以运动也可以直接从物理上提升我们的专注力、自控力和思维能力，**等等。

另外，研究证明，运动也是消除抑郁的良药，因为它可以增加人体内去甲肾上腺素、多巴胺、血清素三种神经递质的含量，其抗抑郁效果比现有的药物更佳。由此可以做出如下推演：运动不仅能使人身材更好、精神更佳，同时能增强大脑功能，提升注意力、记忆力、理解力、自制力，从而增强学习效果，让人创造更大的成就，获取更多资源。

运动，正是人生幸福正相关因素的出发点。

好的模式是“运动+学习”

即使得出上述结论，我们依旧无法打消这样的疑虑：为什么很多人积极投身运动，却并没有体现出正相关的趋势呢？这个问题很值得探究，好在背后原因确实有据可依。

一个不可忽略的信息是：科学研究虽然证实运动能使大脑生

长出新的神经元，但这些神经元需要经过发育，长出神经轴突和树突，才能形成真正的神经细胞。简单地说，新生的神经元就像一棵树，它需要长出树枝和树叶才能活下去（见图 8-1）。

所以运动不是关键，运动之后的活动安排及环境刺激才是关键。有效的模式是这样的：在运动后的 1 ～ 2 小时内进行高强度、高难度的脑力活动，比如阅读、解题、背记、写作、编程，等等，或是一些需要复杂技巧的体力活动，诸如舞蹈、钢琴，以及参加不同于以往的社交活动，如接触新的环境、人物或事物，这么做可以让新的神经元受到刺激，不断生长。换句话说，**运动之后，脑子需要充分接受考验或挑战，才能让自己不断地变“聪明”**。

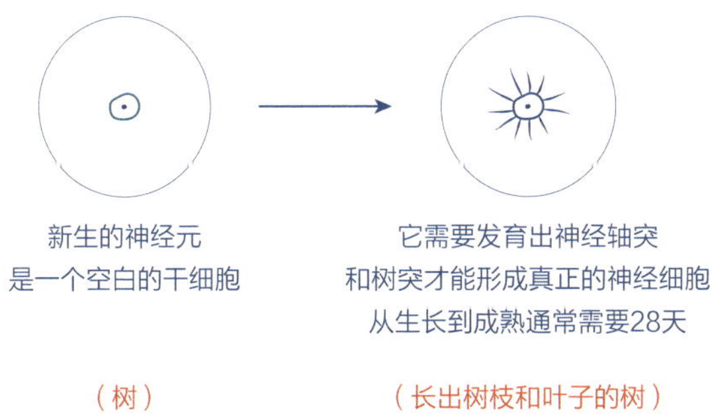

图 8-1　新生的神经元是空白的干细胞

并且，“运动 + 学习”的模式需要坚持，因为**新的神经元从生长到成熟通常需要 28 天**。这对脑力劳动者绝对是个好消息，如果长期坚持“运动 + 学习”模式，脑子会不知不觉地变得越来越灵活。大脑神经的连接越来越多，信号通路越来越宽，反应速度越来越快，人学习起来就更容易，就像一台计算机的运行内存在不断扩容，硬件条件变得越来越强。

在校学生更是如此。因为脑力活动原本就是他们的“主业”，如果辅以“运动＋学习”的模式，把复杂的学习内容放在运动之后，便能有效提升学习效果，那些注重体育活动的学校，学生的综合素质往往不差。如果你家里有孩子，记得不要让他成天闷在房间里读书，时常将孩子“赶”出去跑跑跳跳再学习，是非常有益的。

所以绝大多数运动者的硬伤就在这里：运动之后缺乏主动学习的意识和习惯。他们习惯于在运动后看电视、刷手机、玩游戏、逛街、聚会、和朋友们闲聊，甚至直接睡觉，做那些无须动脑或让自己感到很舒服的事。真的很遗憾，那些好不容易生长出来的神经元随即消散，他们因此错失了变“聪明”的机会。

如何正确地运动

听到这个好消息，说不定你已经迫不及待地想去准备跑鞋了，但别着急，先了解一下如何科学地运动或许对你更有帮助。有效的运动不是高强度地“折磨”自己，也不是在室外闲庭信步，而是保持适当的心率。就减肥瘦身的有氧运动而言，专业的建议是心率保持在最大心率（220－年龄）的60% ~ 80%之间，刚好处于身体的舒适区边缘，每天活动半小时，就能产生极好的效果。

如果觉得麻烦，有一个简单的方法：**让自己保持做有氧运动时**

有些气喘的状态。比如跑步时，保持足够快的速度直到有些气喘，持续 1 ~ 2 分钟，然后改为快走，调整呼吸，重复即可，这个活动量几乎每个人都可以达到。

提到运动，我猜绝大多数人都会选择跑步，但想要获得更好的效果，最好结合复杂运动。比如在 10 分钟的有氧热身之后练习瑜伽、舞蹈、体操、太极，等等，这些复杂的活动能让大脑的全部神经细胞参与其中。活动越复杂，神经突触的联系也就越复杂，突触生长也更密集，所以**好的运动方式一定同时包含有氧运动和复杂运动**（见图 8-2）。

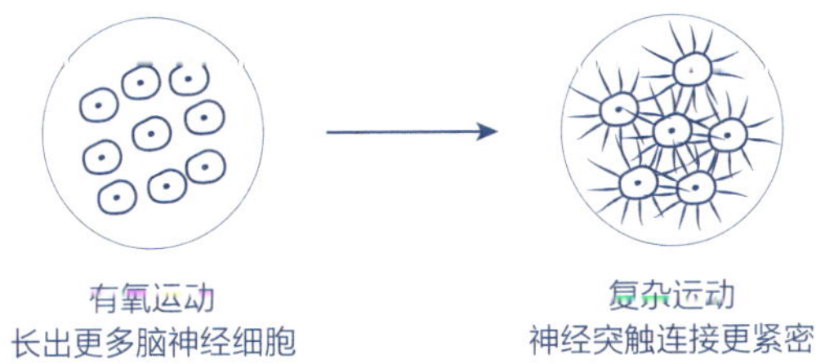

图 8-2　复杂运动促使神经细胞的连接更紧密

四肢发达，头脑更发达

200 万年前，人类一直过着“狩猎采集”的生活，我们的祖先为了果腹，平均每天必须行走 8 ~ 16 公里。到最近的 1 万年前，人类进入农耕文明，直至最近的一百年，人类才进入物质丰富时代，不再需要为寻找食物耗费那么多能量。

在人们的观念中，运动只是为了让自己拥有更健康的身体和更健美的体型，健身房里的宣传画、朋友圈里的运动照，都在宣扬这种观点。但事实上，**运动更大的意义不在于健身而在于健脑**，它不仅能使人更加乐观，还能使头脑更加灵活，最终使健康水平和认知水平实现双重提升。

但人们一旦习惯久坐之后就再也不愿意活动了，不知不觉进入了生活质量的下行通道——越低落、消沉，越不想运动，越不运动越低落、消沉，而打破怪圈的最好办法正是去“挥洒汗水”——穿起跑鞋奔跑，拿起球拍挥打……

好在觉醒的人越来越多，人们都开始相互鼓励去学习和运动，甚至还流行起了这样的文艺箴言：身体和灵魂，总有一个要在路上。

语言是会影响思维的，“四肢发达，头脑简单”这句话应该修改为“四肢发达，头脑更发达”才合理，而身体和灵魂也并非只能二选一，你不能只学习不运动，或只运动不学习，也不能随心情交替进行这两项活动。我相信你现在肯定更倾向于这样的表述：**灵魂想要走得远，身体必须在路上。**

认知越清晰，行动越坚定。

从现在开始，给自己的运动计划赋予一个新的意义吧！

结语

一流的生活不是富有，而是觉知

大约在10年前，我和几位好友聊起一些往事。交谈中我惊讶地发现，他们提到的很多细节我都没有印象了，诸如事情发生在几月、有哪些人参与、他们是什么关系、做了哪些事……我只是模模糊糊记得发生过这件事，但很多细节都像是第一次听到，就像我当时不在场一样。我的记性一向不好，尤其对于一些不愉快的经历，我甚至会主动遗忘，但那天的经历让我忍不住问了自己一个问题：这些年我都做了什么？

不问不要紧，一问吓得我背上汗毛直竖，因为眼前就像出现了一个真空地带，我竟想不起自己这几年到底做了什么，甚至说不出一两件印象深刻的事。虽然我每天按部就班地生活，但好像什么也没做，生活就像无声的溪水，每天从身边流过，但定睛一看，什么也没有留下。那一瞬间，我产生了一种深深的失重感，第一次体会到了焦虑。

为了缓解这种焦虑，不让自己过得像个傻瓜，我决定做些什么。2010 年元旦，我准备了一个日程本，做了第一笔记录。从那天起，我的生命才开始有了清晰的印记，此后再也没有中断过。2014 年元旦，我开始改用手机日志（系统自带的日历软件）做记录，因为电子日志携带和记录更加便捷，而且搜索也非常方便。

不知不觉，这件事已经持续了 10 年，算是我主动坚持时间最长的一件事。后来我从《奇特的一生》这本书中得知有个叫柳比歇夫的人坚持做了 56 年的时间统计，他过了很好的一生。而我竟在某种程度上做着和他一样的事——详细记录自己的日程。

不过，在对时间的把握上，我和柳比歇夫相比还差得很远。记录时间对我最大的意义，就是让自己能够觉知到时间的存在，让自己过得更加踏实。尽管我现在的记性依然不好，朋友们说起以前的事情，我可能当时仍然接不上话，但我并不担心，因为几秒之后我就能非常准确地说出细节：某年某月某日某时、有哪些人、去了哪里、做了什么，准确得让他们都不敢相信。然而这件事的作用大概也就到此为止了，它仅仅是一个习惯，让我多了一个记忆外挂，我对生活的觉知并没有特别的与众不同。

直到 2017 年 2 月，我读了成甲的《好好学习》一书之后，决定开始“每日反思”。谁能想到这个毫不起眼的“每日反思”却帮我打开了一个全新的世界。

从日志到反思

记录日程虽然没有让我成为像柳比歇夫那样厉害的人，**但提高了我对时间的敏感度**。因为我每记录一笔浪费掉的时间，比如因看手机荒废了 2 小时，心里就会有一种愧疚感，进而就会不自觉地希望自己减少这种浪费，毕竟记录这样的日志并不光彩，谁愿意自己的生命都是由这些无聊的事情组成的呢？当然我有时候也过得异常忙碌，常常忙得晕头转向，看着密密麻麻的日志，也不禁会想："自己到底在忙什么？"因为这些忙碌往往都是在被动应付外界的压力，而非自己主动在追求什么。于是我问自己：如果一直被外界的安排牵着走，即便每天过得很"充实"，又有什么意义呢？

人大概就是这样，都希望自己的一生能过得更丰富精彩些，于是在流水日志的自然审视下，我越来越渴望过高效和有意义的生活，这种渴望日渐强烈，但一直找不到出口。

直到开始实践"每日反思"，我才发现它是一个自我觉知的新出口。它相当于一个深度日志记录，每天只需花一点点时间，**对当天最触动自己的事情或感悟进行复盘**，就可以保持对生活更深的觉知，岂不妙哉！于是我开始实践，结果一发不可收拾。

当我写到第 160 天时，就萌生了开公众号写作的念头。因为这些反思让我真真切切地审视了自己的状态和目标，也切切实实体会到了写作给自己带来的好处。通过反思，我越来越多地觉知到生活中的很多细节，无须外界的帮助，就可以从小处不断完善自己。这些反思给我带来的好处简直无以言表，所以我希望把它带给大家，让更多人知道并受益。

大道至简

起初我只知道写“每日反思”有好处，但是没有想到它的好处竟有那么大，以致现在回顾的时候自己都很惊讶——原来这个小小的反思暗含了很多底层原理。所谓大道至简往往就是这样：简单到你不愿意相信它是大道。为了让大家了解，我先介绍一下自己写“每日反思”的方法。

我的方法很简单，就是留意每天生活中最触动自己的点。不管这个点是令人欣喜的感悟，还是令人难受的困惑，只要它在心头燃起火花，就把它摘取下来，记录到文档里复盘。而复盘的方式也极为简单，通常只需 3 点：

①描述经过——以便日后回顾时能想起当时的场景；

②分析原因——多问几个为什么，直到有深度的启发；

③改进措施——尽可能提炼出一个认知点或行动点。

仅此而已。“每日反思”有时候只有几句话，有时候长达数千字，视心而动，视情而定，只要能让自己更好地看清问题并发生改变就好。

比如有一次开车后我觉得很累，在当天的反思中，我发现自己在开车时，身体的一些部位会不自觉地保持紧张和僵硬，从那以后，我便刻意提醒自己保持放松，用最小的力气去完成动作，尽量让汽车在启动和停止时柔和顺畅。不久后，开车成了我的一种享受，家人也反馈坐在车里非常舒适，没有之前的急停、急刹了。

比如有一次被领导批评。他用词刻薄，让我当场就想回击。在当天的反思中，我认真分析了他的批评，觉得他指出的问题还是很到位的，虽然他情绪不好，但出发点是好的，而且他对大多数人都是这样的脾气，并非单独针对我。想到这里，我当即就释然了，并且学会了一招：**无论何时，都要把对方的情绪和意见分开对待，这样，即使在最糟糕的事情中也能学到有用的东西。**

再比如 2019 年元宵节前，我们一家三口去南京夫子庙游玩，到达时我们已经很疲惫了，想找个地方休息一下。但我们看遍了附近所有能坐的消费场所，都人满为患，没有容纳三个人的地方，最后的游玩只好无精打采地走了个过场。在当天的反思中，我突然意识到其实我们可以分开休息，因为必胜客餐厅里有两个人的位置，而肯德基餐厅里有一个人的位置，我们的目的是休息，而不是三个人在一起休息，当时竟被这个思维定式给束缚了。通过反思，我审视并优化了自己的选择，下次再遇到这种问题的时候，就不会这样死板了。

如果你去练习反思，也必然会关注身体、情绪和思维三个层面，进而不断优化和改进自己。当然也会产生很多灵感、顿悟和创意，只要你去实践，就会有很多发现。

有反思的生活，就好比每天在时间的溪流中拾取一块闪亮的小石头，然后精心打磨，不久之后我们就会发现自己身上已经有了一大袋认知晶石，这些认知晶石就是我们生活的印记和结晶。**有了这些认知晶石打底，我们的生命质量和密度将远远超过那些不反思的人。**

甚至我们可以在很小的年纪就拥有比同龄人更高的认知水平，因为那些只行走不反思的人，即使在生活长河中站上很久，也依然两手空空。

所以我总是忍不住向自己的读者推荐“每日反思”这个方法，他们也很快就会给出反馈，说自己的生活发生了微妙的变化。比如读者“一念”就说：“最近，我每天写好多篇反思日记，对自己的日常行为、情绪、决定都进行了观察和反思，积极寻找改进方法，让自己从小事上一点一点改变。这样的体验踏实而美好，内心变得稳定多了。知道了一些事情的价值所在，知道了自己想要什么，知道了该怎么做，我变得踏实而勤奋。”不夸张地说，任何人遇到问题都可以将反思作为药引，只要写下来复盘，很多问题就会迎刃而解。

当然，很多人并不相信反思有这么神奇，其中原因可能是他们自身并没有实践，或是实践了但方法不对，另一种可能是他们对这一方法的底层原理并不清楚。不过等我说出来后，你就会恍然大悟，现在就让我为大家一一呈现。

恍然大悟

“每日反思”至少暗含了三大底层原理。

一是符合“触动学习法”。这个方法很科学，也很重要，是每日反思需要面临的第一道关口。

由于我之前一直有记录日志的习惯，所以在反思时便没有把注意力放到日程上，而是关注那些最触动自己的点，这让我幸运地避开了“把日记当成反思”的陷阱。

很多人也写日志，但内容多是自己一天之中干了啥，是表达自己情绪的碎碎念，这样的日志不是反思，它和反思有着本质的区别。因为它没有触动点，少有深入的原因分析和措施提炼，只是在舒适区内释放情绪，所以这样的日志无法让自己有更大的进步。好的反思是感知生活中最触动自己的点，难受的、欣喜的、念念不忘的……这些点正是处在自己成长的舒适区边缘的感悟，人在舒适区边缘学习，成长是最快的。

二是运用了“元认知”。元认知的要义在于审视自己的感受和思维，进而发现不足之处并加以改进，以最低的成本纠正自己的认识偏差，而写“每日反思”正是自我审视的过程。在反思中，我们可以用充足的时间来复盘当时短暂的思维过程，找到其中的不足之处，对其进行优化，找出更好的认识角度，同时还能启动理智脑，消除情绪的模糊地带，改变本能的默认选择，使我们在下次遇到类似的问题时不会陷入情绪，无法自拔或是无力做出更好的决策。长期练习会大大提升我们的认知水平、情绪水平和选择决策能力。

元认知能力是人类认知上的终极能力，一旦开启，自我觉醒就会启动。我有幸从混沌走向觉醒，正是依靠“每日反思”的帮助，是它帮我开启了元认知。

三是遵循了“刻意练习”的原则。刻意练习的要义之一就是带着清晰的目标去学习。比如在练琴的时候，不是不动脑子地一遍一遍弹奏，而应带着非常明确的问题，反复琢磨，这样，进步才会快。我们的生活也是一样的，如果只是随波逐流，不动脑子地度过一天又一天，我们顶多是增长年龄，但如果能**带着要领点去生活**，我们就会成长飞快。

正如前文提到的开车反思，当我们提炼出开车要保持放松这样的要领后，在下次开车前就可以提醒自己，进而全程持续关注这个问题，最终养成好的驾驶习惯，而不反思的人关注不到这些要领，只能习惯性地保持紧张或僵硬的状态，始终急停、急刹而不自知。

这种成长方式放到任何场景中都是适用的。你能想象，不得要领的人和掌握要领的人，成长速度完全不同。大家可能都过着差不多的生活，但前者停滞不前，后者持续改变。用不了几年，二者之间就会出现巨大的差距。

以上三大原理足以让人正视“每日反思”的作用，不过反思的好处还不止这些，至少还有三处可以挖掘。

一是它可以节省我们的生命。比如我们脑袋里会时不时地冒出一个灵感，那种对生活的顿悟让人神清气爽，亢奋异常，但是如果不注意记录，很可能转眼就忘了。一段时间之后，这个体会再次冒出来，然后惊觉："我上次就想到过呀！"一旦有这种感叹，就说明我们已经浪费了这段生命，**因为灵感虽然是一瞬间冒出来的，但其背后却是一段生活经历的积累**。我们上次没有抓住这个灵感，这次只能重来一次，如果还抓不住，它以后还会不断出现，如此反复，我们的生命就会变得低效。所以，当头脑中有什么想法或念头冒出来的时候，一定要及时记下来，哪怕是记一两个关键词也行，回头再整理打磨，把这个认知放大，就相当于节省了一段生命。

二是它可以提高我们的感知细节的能力。2017 年 1 月，我从李笑来的知乎分享《不一样的世界》中得知了这个概念——感受细微变化的能力。他说这个能力无论在哪里都格外重要。知道这个概念的时候，我还没开始写每日反思，只是觉得它很有道理，但当我亲自实践"每日反思"之后才深深地体会到：这个结论实在是太正确了！

在不反思的情况下，生活必然会过得很粗糙，就像 10 年前的我，即使做了很多事也毫无觉知，而反思可以提高我们对生活的感知，从微小的事件中捕捉感触和关联：一个动作、一句话、一个场景、一个选择、一种情绪……都会让人产生感悟。甚至只要心中有每日反思这件事，自己对生活的觉知都会大大提高，因为你需要从中发现素材。

感知越精细，自我完善也会越精细。**越是好的反思，着眼点往往越细微**，毕竟大而泛的事情大家都能感知到，而细微的变化却不是每个人都能感受到的，这体现了反思者的水平。

三是它可以让我们正视痛苦。我们的人生无非是由喜悦、平淡和痛苦三件事组成的。喜悦，人人都喜欢，但很容易被淡忘和不珍惜；平淡，容易让人麻木，丧失觉知；唯有痛苦，人人避之不及。

人生迷茫、成绩退步、分手失恋、自控力差、害怕困难……面对痛苦，人们的第一反应是难受，而接下来的反应，正是我们成长的分水岭：**少数人会选择正视痛苦，反思错误，而大多数人选择逃避，沉浸在负面情绪中。**

反思天然有正视痛苦的力量。去反思，去记录，你就会发现，**痛苦哪里是什么坏事，那简直是上天给我们的成长信号与提示**！正如前文中举的例子，当我开始正视领导的批评时，我就学会了让意见与情绪分离，否则我就会始终被情绪所困，长期处于怨天尤人的状态，不仅没有成长，还会自我消耗。

所以说任何人遇到问题都可以将“反思”作为药引，只要写下来复盘，自然就会得到答案。时间长了之后，我们甚至会产生这种心理：只要有困难或不舒服的事情出现，心里就会暗喜，知道自我提升的机会又来了。这是多好的人生状态啊，这种状态可以消除人生很多的烦恼，就看你愿不愿意去做了。

开始行动

以上几乎是一个完整的反思教程，如果你也愿意从此开始每日反思，我自然会很高兴，不过，据我对众多实践者的观察，以下注意事项你最好提前了解一下，省得走弯路。

一是不要被形式所缚。比如很多人以为每日反思必须一天不落，以致偶尔中断就会气馁放弃。其实“每日”只是提醒我们要持续行动，偶尔中断也没有关系，我们可以把反思的关键词先记下来，等有空了再整理。如果某天真的一点感触都没有，那不写也没有关系。另外也有一些人过于注重形式，用写正式文章的方式去写反思，以致消耗太多精力，丧失动力。

请谨记：**反思的最终目的是改变，而不是形式的完美**，所以哪怕只有一句话，且这句话让自己发生了改变，那么反思的目的也就达到了。

二是不要过度反思。所谓过度反思，就是一味地沉浸在沮丧、抱怨的情绪里，不断否定自己，最终使自己陷入思维反刍。一旦陷入思维反刍，我们的注意力就会只集中在痛苦的表现、引发痛苦的原因和痛苦带来的后果上，而很少去关注如何解决痛苦。所以反思和反刍是不一样的，好的反思一定是“**正视、审视和接纳**”情绪的，它会让你鼓起勇气、冷静分析、接纳不足，最终看到更好的角度。如果你不小心陷入思维反刍，那就把脑中“这件事为什么要发生在我身上？”的想法替换为“这件事想教会我什么？”通常你会发现，身边的一切都会慢慢地往好的方向发展。

三是尽量提炼认知点或行动点。不要沉溺于情绪释放或碎碎念。因为反思的最终目的是改变，所以要**尽可能提炼出具体可操作的认知点和行动点**，以指导未来的生活，否则很容易让反思变成日记，效果大打折扣。

四是列行动清单。当反思足够多的时候，很多行动点就容易被遗忘，这时，建立一个行动清单非常有必要：把最重要的行动点单列出来，时不时地看一眼，可以保证我们能持续地行动下去。

五是对自己极度坦诚。反思是给自己看的，所以不用在意别人的目光。尤其是在反思痛苦的时候，**一定要对自己极度坦诚，把心底最真实的想法挖出来**，即使内心的想法让自己感到极度难堪、羞耻，但只要它是真实的，就对自己说出来，承认它，并接纳它。对自己坦诚、接纳不完美的自己，才会让自己重生。

六是要多阅读。很多人因为生活比较平淡，或在刚开始感知能力还不够强的时候，觉知不到触动点。这个时候不妨去阅读，因为好的书籍充满了高密度的思考，与智者交流，总会获得触动你的观点和信息。保持耐心，持续练习，你的感知能力自然会越来越强。

七是选择合适的记录载体。我不推荐纸质记录，因为搜索不方便，建议使用电子文档做笔记，比如石墨文档或印象笔记之类的。

过一流的生活

我一直很想知道，一个人觉醒的起点到底在哪儿？现在大致有了一个答案，那就是：觉知。当一个人能够觉知到什么是好，什么是不好的时候，就必然会主动做出新的选择。

就像我每次走在人群中，看到有人含胸驼背的样子时，就会不自觉地提醒自己要挺胸抬头，以免和他一样显得没有精气神，但我观察了身边的很多人，他们大多不以为意，甚至会无意识地“模仿”或被“同化”。在同样的生活环境中，有的人会随波逐流，而有的人能主动跳出、觉知到环境对自己的不良影响，这一切都源自个体的觉知程度。

觉知，自古以来都是精英的自我修炼方式。

比如曾子的“吾日三省吾身”，富兰克林的“每日觉察十三种美德”……如今，我们不缺吃不缺穿，很多人生活富足，但他们未必能过上一流的生活。如果一个人缺乏觉知，那么即使每天锦衣玉食也可能感受不到幸福和喜悦，甚至还会被无聊、空虚和痛苦所困。

换言之，即使你没有万贯家财，也可以通过提升觉知来增强自己感知世界、完善自我的能力。有了觉知，我们就能慢慢过上一流的生活，即使它来得不会那么快。

后记

共同改变，一起前行

2016 年 6 月，我读了李笑来的《斯坦福大学创业成长课》，那本书讲了什么我已经想不起来了，但书中的一句话我却一直牢记在心：“如果你想要的东西还不存在，那就亲自动手将它创造出来。”读书大概就是这样，大段大段的文字读过，最后有那么一两句话打动了你、改变了你，阅读的意义就实现了。欣慰的是，我现在实现了这个愿望。

在个人改变和成长的路上，我一直希望找到一本能够让自己醍醐灌顶的认知觉醒之书，可惜到现在都没有遇到完全满意的，于是心中动念：“要不自己写一本？”没想到 3 年不到，这本心意之作就呈现在这里了。

我相信这本书会成为成长领域的一个显著地标，为更多希望成长的迷茫者指路，我甚至坚信这本书至少可以穿透未来 50 年的时光，因为书中的理论很底层，主题也来自最真实的需求，而且都经过了我自己和众多读者的实践验证，只要人类的进化机制不变，每一代人在成长的过程中或多或少会遇到同样的困惑。

这本书不涉商业，没有职场，也没有奇技淫巧，甚至很多案例讲的都是读书、写作和跑步之类的普通活动，但正因如此，它才会成为一本对普通人长期适用的方法论，正如读者“魏佳敏”这样评论：“‘清脑’的文章从科学角度分析，没有鸡汤的成分，没有阶层分隔，谁读都有所受益。”所以不管你境况如何，只要用心关联、踏实行动，就必然能消除焦虑、做成事情，实现心中的梦想。

如果这本书对你有所帮助，哪怕只有一个点触动并真实地改变了你，那它就完成了使命。不管什么时候，如果有可能，我都期待听到你的反馈。

当然，本书也有许多不足之处，比如有些内容在各章重复出现，有些主题的分类也不尽合理，个人在表达上可能也显得有些啰唆，这背后的原因是：众多底层的概念就像一张铺在地下的网，相通相连，同一个概念可以同时解释很多现象，所以不可避免地会出现交叉关联的情况。当然，最主要的原因是我的写作水平有限，对问题的思考梳理还不够透彻。希望大家在这方面多多包涵，多提意见，我会虚心接受，迭代改进。另外，一些主题可能看起来有些散，比如“早冥读写跑”，但本质上它们都是围绕提升认知能力这个核心的，为了防止大家误解，在此特别说明。

写这本书还有另外一个“私心”。因为自身工作的原因（常年两地），我在女儿成长的路上时常缺位，而时光是条单行道，有些事情一旦错过就无法重来。为了弥补陪伴缺失的遗憾，我把这本书作为特别的礼物送给她，希望她今后遇到人生困惑的时候，知道有老爸始终在身后陪伴：“我知道你最终会理解我的。我会努力成为你的榜样，而你也一定会成为更多人的榜样！”

借此机会，我还想特别解释一下封面图片的含义。

封面中的蓝色和红色是本书的两种主题颜色，它们分别代表大脑的理性力量和感性力量，中间的留白隐约构成了人的大脑，寓意是一个人若是学会了用知识和智慧驱动理性和感性这两种力量，就可以获得认知觉醒。希望本书能帮助人们走出混沌，通过思考获得清醒的认知、清楚的目标、清晰的路径和清爽的情绪。

不过，即使通过本书获得了上述“四清”，我们离完整的个人成长还有一段距离，而这部分距离，我已在《认知觉醒》的姐妹篇《认知驱动》中进行了阐述和补全。如果本书的主题是“觉知”，那么《认知驱动》的主题则是“创造”，它们将一起呈现个体成长的全景。如果你读完本书仍意犹未尽，还想进一步探索成长的高级阶段，欢迎你继续阅读《认知驱动》，相信你一定会发现更多的惊喜。

另外，《认知觉醒：伴随一生的学习方法论》（青少年学习版）也于 2022 年正式出版。这本书汇集了《认知觉醒》和《认知驱动》中关于学习方法的精华，是一本适合学生、老师、家长和终生学习者的书，如果你希望在终身学习时代获取自己的学习优势，这本书一定可以为你提供不一样的力量支撑。

在本书的最后，请允许我表示感谢。

首先，我要感谢时代和命运，如果我早生、晚生几年，或人生轨迹稍有差池，可能都无法达成此事，我知道一个人无论获得什么样的成绩，都不能忽略时代、运气和环境这样的大背景，只看到自身的努力和付出，是狭隘和不客观的；其次，我要感谢我的爱人，她为我分担了太多，如果没有她的支持，我肯定无法完成此书；再次，感谢寇佳颖的发现、感谢陈锐的引荐、感谢陈素然编辑的慧眼，感谢人民邮电出版社的厚爱，是你们的热情让这本书得以面世；最后，我要特别感谢卫蓝、王世民、师北宸、一稼、易仁永澄几位老师对我这位不知名作者的提携，感谢你们对《认知觉醒》的认可，让它有机会借助你们的力量去帮助更多的人；当然，最需要感谢的人是你们——我所有的读者，你们最终的触动、改变和反馈才是我最大的、真正的收获。

愿本书照亮你的心智世界，成为你前行路上的灯塔，也愿更多的人能发现本书，共同觉醒，一起前行。

参考文献

（按首次引用顺序）

[1] 谢伯让 . 大脑简史 [M]. 北京：化学工业出版社，2018.

[2] 刘未鹏 . 暗时间 [M]. 北京：电子工业出版社，2011.

[3] 尤瓦尔・赫拉利 . 人类简史 [M]. 林俊宏，译 . 北京：中信出版社，2017.

[4] 米哈里・契克森米哈赖 . 心流 [M]. 张定琦，译 . 北京：中信出版社，2017.

[5] 萨拉 - 杰恩・布莱克莫尔 . 青少年大脑使用说明书 [M]. 周芳芳，曹巍，译 . 北京：中信出版社，2019.

[6] 卫蓝 . 反本能 [M]. 北京：天地出版社，2017.

[7] 李笑来 . 财富自由之路 [M]. 北京：电子工业出版社，2017.

[8] 大卫・迪绍夫 . 元认知 [M]. 陈舒，译 . 北京：机械工业出版社，2014.

[9] 李笑来 . 把时间当作朋友 [M]. 北京：电子工业出版社，2016.

[10] 上田正仁 . 思考力 [M]. 陈雪冰，译 . 北京：中信出版社，2015.

[11] 文森特・鲁吉罗 . 超越感觉：批判性思考指南（第九版）[M].

顾肃，董玉荣，译 . 上海：复旦大学出版社，2015.
[12] 埃伦 · 兰格 . 专念 [M]. 王佳艺，译 . 杭州：浙江人民出版社，2012.
[13] M. 斯科特 · 派克 . 少有人走的路 [M]. 于海生，严冬冬，译 . 北京：中华工商联合出版社，2017.
[14] 李晓鹏 . 学习高手的三驾马车 [M]. 北京：光明日报出版社，2015.
[15] 卡洛琳 · 亚当斯 · 米勒 . 坚毅 [M]. 王正林，译 . 北京：机械工业出版社，2019.
[16] 一稼 . 美好人生运营指南 [M]. 北京：中信出版社，2018.
[17] 安德斯 · 艾利克森，罗伯特 · 普尔 . 刻意练习 [M]. 王正林，译 . 北京：机械工业出版社，2016.
[18] 小马宋 . 朋友圈的尖子生 [M]. 重庆：重庆出版社，2017.
[19] 师北宸 . 让写作成为自我精进的武器 [M]. 北京：中信出版社，2019.
[20] 盖瑞 · 马库斯 . 怪诞脑科学 [M]. 陈友勋，译 . 北京：中信出版社，2019.
[21] 芭芭拉 · 奥克利 . 学习之道 [M]. 教育无边界字幕组，译 . 北京：机械工业出版社，2016.
[22] 约翰 · 巴奇 . 隐藏的意识 [M]. 柴丹，译 . 北京：中信出版社，2018.
[23] 采铜 . 精进 [M]. 南京：江苏凤凰文艺出版社，2016.
[24] 池谷裕二 . 考试脑科学 [M]. 高宇涵，译 . 北京：人民邮电出版社，

2019.

[25] 成甲 . 好好学习 [M]. 北京：中信出版社，2017.

[26] 古典 . 你的生命有什么可能 [M]. 长沙：湖南文艺出版社，2014.

[27] 赵周 . 这样读书就够了 [M]. 北京：中信出版社，2017.

[28] 尤瓦尔·赫拉利 . 今日简史 [M]. 林俊宏，译 . 北京：中信出版社，2018.

[29] 斯蒂芬·盖斯 . 微习惯 [M]. 桂君，译 . 南昌：江西人民出版社，2016.

[30] 刘传 . 认知升级 [M]. 北京：中国友谊出版公司，2018.

[31] 古典 . 跃迁 [M]. 北京：中信出版社，2017.

[32] 德内拉·梅多斯 . 系统之美 [M]. 邱昭良，译 . 杭州：浙江人民出版社，2010.

[33] Scalers. 刻意学习 [M]. 北京：北京联合出版公司，2017.

[34] 理查德·鲁梅尔特 . 好战略，坏战略 [M]. 蒋宗强，译 . 北京：中信出版社，2017.

[35] 塞德希尔·穆来纳森，埃尔德·沙菲尔 . 稀缺 [M]. 魏薇，龙志勇，译 . 杭州：浙江人民出版社，2014.

[36] 吴军 . 见识 [M]. 北京：中信出版社，2018.

[37] 西恩·贝洛克 . 具身认知 [M]. 李盼，译 . 北京：机械工业出版社，2016.

[38] 丹尼尔·平克 . 驱动力 [M]. 龚怡屏，译 . 杭州：浙江人民出版社，2018.

[39] 中岛孝志 .4 点起床 [M]. 曹逸冰，译 . 北京：文化发展出版社，2011.

[40] 莎克蒂・高文 . 冥想 [M]. 蒋永强，译 . 北京：光明日报出版社，2014.

[41] 理查德・费曼 . 发现的乐趣 [M]. 朱宁雁，译 . 北京：北京联合出版公司，2018.

[42] 理查德・费曼，拉尔夫・莱顿 . 别逗了，费曼先生 [M]. 王祖哲，译 . 长沙：湖南科学技术出版社，2012.

[43] 木心讲述，陈丹青笔录 . 文学回忆录 [M]. 桂林：广西师范大学出版社，2013.

[44] 斯科特・扬 . 如何高效学习 [M]. 程冕，译 . 北京：机械工业出版社，2013.

[45] 约翰・瑞迪，埃里克・哈格曼 . 运动改造大脑 [M]. 浦溶，译 . 杭州：浙江人民出版社，2013.